Mona Hussein Emam
Ahmad Kamel Hegazy
Hanan Farouk Kabiel

Absorção de radionuclídeos por algumas culturas cultivadas em solos costeiros de areia preta

Mona Hussein Emam
Ahmad Kamel Hegazy
Hanan Farouk Kabiel

Absorção de radionuclídeos por algumas culturas cultivadas em solos costeiros de areia preta

ScienciaScripts

Imprint

Cover image: www.ingimage.com

This book is a translation from the original published under ISBN 978-3-659-82405-0.

Publisher:
Sciencia Scripts
is a trademark of
Dodo Books Indian Ocean Ltd. and OmniScriptum S.R.L publishing group

120 High Road, East Finchley, London, N2 9ED, United Kingdom
Str. Armeneasca 28/1, office 1, Chisinau MD-2012, Republic of Moldova, Europe
Managing Directors: Ieva Konstantinova, Victoria Ursu
info@omniscriptum.com

Printed at: see last page
ISBN: 978-620-8-61444-7

Conteúdo

RESUMO

Este estudo tem por objetivo avaliar a absorção e acumulação de radionuclídeos por duas espécies de plantas cultivadas e duas espécies de árvores de fruto que são habitualmente cultivadas na areia negra costeira do delta do Nilo, no Egito. Os resultados revelaram a capacidade das quatro espécies de plantas cultivadas em estudo para acumular quantidades elevadas de urânio e tório nas suas porções comestíveis. O crescimento das plantas diminuiu com o aumento dos teores de urânio e tório nos órgãos das plantas. A aplicação de fertilizantes aumentou o crescimento das plantas e a produção de biomassa, mas suprimiu a transferência de radionuclídeos do solo para a planta. Alguns constituintes bioquímicos foram positivamente correlacionados com as concentrações de urânio e tório nos tecidos das plantas, enquanto outros constituintes foram suprimidos por concentrações elevadas de urânio e tório nos tecidos das plantas. Os radionuclídeos absorvidos induziram danos no ADN e causaram algumas alterações no SDS-PAGE das proteínas.

Palavras-chave: Urânio; Tório; Fertilização; Crescimento de plantas; β-Caroteno; Licopeno; Atividade antioxidante; Genotoxicidade.

1. INTRODUÇÃO GERAL

Areias negras no Egito

A areia é um material inorgânico grosseiro, rico em silício. A areia da praia é transportada de um sítio para outro pelo vento ou pela água. A areia rica em metais encontra-se geralmente nas praias, uma vez que as ondas do mar concentram os minerais pesados que não são facilmente removidos de volta para o mar. Estes minerais pesados são duros e estáveis (Seddeek *et al.*, 2005). A areia perto da costa é solta e tem o mesmo grau de coerência em profundidade. Em direção a terra, as areias soltas formam uma cobertura relativamente fina (3050 cms) abaixo da qual as areias se tornam induradas e a amostragem com trado só pode ser efectuada com dificuldade (Naim *et al.*, 1994). A cor das areias varia do preto ao cinzento pálido e ao branco, onde a variação de cor reflecte o grau de concentração dos minerais pesados escuros. As areias negras altamente concentradas são depositadas num manto fino próximo e paralelo à linha de costa. A largura deste manto negro pode ser deslocada para o mar ou para terra pelas marés vivas que acabam por cobri-lo com camadas de areias claras. As areias negras estão normalmente concentradas sob a forma de estrias finas que alternam com as camadas de areia da praia (Seddeek *et al.*, 2005).

A costa mediterrânica egípcia contém uma grande variedade de sedimentos. Os sedimentos costeiros são compostos principalmente por dois tipos principais: areias carbonatadas e areias com predominância de quartzo (El-Gamal *et al.*, 2010). A região ocidental de Mersa Matrouh a Alexandria (Agami) é composta principalmente por carbonato oolítico puro. Mais a oeste, as areias de Salloum apresentam um teor médio de oólito na zona costeira de 58%. A areia da praia de Dekhiela (Alexandria) até Rashid é composta principalmente por grãos de quartzo com fragmentos de conchas comuns (El-Gamal *et al.*, 2010). O rio Nilo foi identificado como a principal fonte de sedimentos ricos em quartzo e de minerais pesados nas praias do Delta do Nilo.

No Egito, os depósitos de areia preta provenientes da suspensão de sedimentos e argilas do Nilo, ao chegarem ao mar na foz dos rios, passam por muitos ciclos de sedimentação, pelo que os grãos se tornam lisos e bem arredondados (Naim *et al.*, 1994). Normalmente, a fração granulométrica da areia preta é <0,2 mm (McCubbin *et al.*, 2000; Taykva *et al.*, 2009). Estes depósitos ocorrem de forma descontínua nas praias do norte do Egito ao longo da costa mediterrânica. Estendem-se desde a cidade de Abu Qir, a oeste, até Rafaa, na fronteira oriental, entre as longitudes 30 12′ e 34 10 E′ (El-Hadry, 1998). Esta parte da costa mediterrânica tem cerca de 500 km de comprimento (Figura 1.1). Os depósitos de areia preta de alto grau estão localizados na planície costeira, geralmente em ambos os lados da foz dos dois braços do Delta do Nilo, nomeadamente Rosetta e Damietta (El-Hadry, 1998; Tykva *et al.*, 2009). Estas areias são originárias de produtos erosivos das rochas ígneas cristalinas das cadeias montanhosas do Sudão e da Abissínia e transportadas ao longo do curso do rio Nilo (Hassan, 1993). O promontório de Rosetta é a área com maior quantidade de depósitos de areia preta no Egito (Seddeek *et al.*, 2005). A areia negra no Sinai encontra-se em Al-Arish e Rommana (Naim *et al.*, 1994). Verificou-se que o transporte ao longo da costa e ao largo desempenha um papel importante na concentração de placers de areia preta na areia do Delta do Nilo, em particular perto das linhas costeiras dos promontórios de Rosetta e Damietta (Frihy *et al.*, 1995).

A geologia das areias de praia ao longo da costa mediterrânica está diretamente relacionada com o desenvolvimento do delta do Nilo e a configuração passada dos braços do Nilo. A distribuição das areias de praia ao longo da costa é controlada principalmente pelas condições geomorfológicas que variam de oeste para leste (Hassan, 1993).

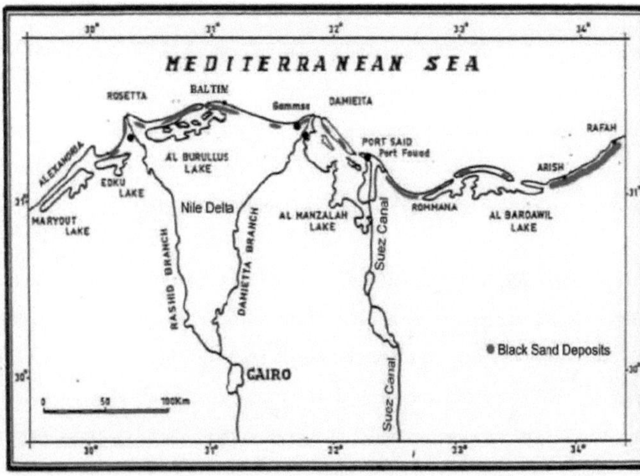

Figura 1.1. Mapa da parte norte do Egito mostrando os depósitos de areia preta e o local de estudo de Baltim.

A parte ocidental, na foz do braço de Roseta, é caracterizada pela ocorrência de lagoas pouco profundas separadas do mar por barras de areia. A parte central é um amplo terreno plano de depósitos de areia derivados da ação das ondas. A parte oriental, especialmente nas proximidades da lagoa de El Burullus, é caracterizada pela ocorrência de dunas de areia eólica acumuladas sobre a superfície plana. Podem observar-se dois tipos de dunas de areia: pequenas colinas de acumulação de areia fina de baixo relevo junto à costa e cinturas de dunas de areia contínua de relevo relativamente mais elevado no limite sul da praia (Hassan, 1993).

Quando as areias negras atingem as saídas para o Mar Mediterrâneo, a mudança abrupta da velocidade das correntes de água favorece a deposição de minerais pesados ao longo da plataforma continental. As maiores quantidades destes depósitos formam-se na praia a leste do braço do Nilo de Roseta (El-Hadry, 1998). Os depósitos de placer de praia são acumulações de minerais pesados nas cinturas superiores das praias, devido à concentração mecânica de partículas resistentes de minerais pesados de elevada gravidade específica pela ação das ondas, das correntes e dos ventos (Bryan *et al.*, 2007). As areias das praias ao longo da costa mediterrânica contêm diferentes concentrações de fracções de minerais pesados com potencial interesse mineral (Hassan, 1993; Hegazy e Emam, 2011). As análises mineralógicas identificaram seis minerais principais, bem como vestígios de outros minerais menores. De acordo com as suas frequências relativas, os principais minerais são ilmenite, magnetite, zircão, granada, rutilo e monazite. O estudo de El-Hadry (1998) sobre os depósitos de areia negra a oeste de Rosetta demonstrou que os depósitos de areia negra podem representar um dos recursos minerais do Egito devido ao seu teor de minerais radioactivos e economicamente importantes. A classificação dos depósitos minerais no Egito mostrou que os placers de praia neste país são representados principalmente por areias negras depositadas em ambos os lados da foz dos braços do Nilo perto de Damietta e Rosetta (El-Hadry, 1998).

Os depósitos de minerais económicos de areias negras, avaliados geologicamente por Dabbour (1995) em quatro localidades nas praias do norte do Egito, nomeadamente, Rosetta, Baltim, Damietta e norte do Sinai, revelaram que estes sedimentos podem suportar as necessidades do país em termos de mineração industrial durante pelo menos 130 anos de produção contínua. Estes depósitos foram objeto de numerosos estudos sobre a composição mineralógica, a origem, as propriedades físicas e químicas dos minerais pesados económicos (El-Hadry, 1998; El-Gamal *et al.*, 2010). As fracções de minerais pesados são caracterizadas pela sua elevada suscetibilidade magnética, uma vez que contêm magnetite e ilmenite, que constituem cerca de 75% do seu conteúdo mineral (Hassan, 1993). Por outro lado, a areia preta também constitui o mineral radioativo monazite, que tem uma resposta radioactiva elevada distinguível em relação aos outros minerais hospedeiros. Seis das espécies de minerais pesados têm importância económica. Estes minerais são a magnetite, a ilmenite, o zircão, a monazite, o rutilo e a granada. Os dois primeiros minerais e o rutilo são minérios de ferro e de titânio, para além do seu teor em vanádio. O zircão e a monazite são matérias-primas nucleares, pois contêm urânio, tório, zircónio, háfnio e elementos de terras raras. Além disso, a monazite é um mineral estratégico nos placers das praias egípcias. O mineral granada é utilizado na indústria de papel pulverizado. Por sua vez, o mineral zircão é utilizado na indústria cerâmica como material de revestimento, enquanto o rutilo é utilizado na indústria de varetas de soldadura.

Os minerais pesados são caracterizados por elevadas concentrações de tório (^{232}Th) e urânio (^{238}U) na sua estrutura cristalina (El-Gamal *et al.*, 2010; Hegazy e Emam, 2011). A areia preta contém globalmente uma ordem de grandeza menos potássio (^{40}K) e duas ordens de grandeza mais ^{238}U e ^{232}Th quando comparada com a areia normal (de Meijer *et al.*, 2001; Tykva *et al.*, 2009). O tório é utilizado em camisas de incandescência, no combustível para certos tipos de reactores nucleares e é um metal altamente radioativo que pode substituir o urânio nos geradores de energia nuclear (Sroor, 2003). Foram detectados valores elevados de radioatividade de fundo em Rashid devido a estas areias negras (El-Gamal *et al.*, 2010).

Embora os solos contaminados afectem drasticamente o crescimento das plantas e dos micróbios e organismos que vivem no solo, estes ambientes não são totalmente desprovidos de flora e fauna; muitas espécies estão adaptadas para tolerar o aumento das concentrações de elementos radioactivos (Tomsett e Thurman, 1988). Hegazy e Emam (2011) estudaram a vegetação na areia negra de Baltim e Abu Khashaba e, durante o seu estudo, observaram o cultivo de muitas espécies de plantas cultivadas e árvores de fruto pelos agricultores locais na areia negra de Baltim.

Relações entre radionuclídeos do solo e plantas

As fontes de radioatividade no ambiente têm origens naturais, tanto terrestres como extraterrestres, e antropogénicas. Devido a factores geográficos e geológicos, as concentrações naturais de radionuclídeos em amostras ambientais podem ser muito diferentes (Badran *et al.*, 2003). Os radionuclídeos existem no ambiente de forma natural ou artificial. Calcula-se que, em média, 79% das radiações a que os seres humanos estão expostos provêm de fontes naturais, 19% de aplicações médicas e os restantes 2% de precipitação radioactiva de testes de armamento e da indústria de energia nuclear (Zhu e Shaw, 2000). No entanto, a maior parte da preocupação do público com as radiações provenientes de radionuclídeos deve-se à precipitação global dos ensaios de armas nucleares na atmosfera e ao funcionamento de instalações nucleares. Ambas as actividades introduziram uma quantidade substancial de radionuclídeos artificiais no ambiente e causaram a contaminação por radionuclídeos de grandes áreas de terra em todo o mundo (Zhu e Shaw, 2000). O conhecimento dos níveis de concentração de radionuclídeos naturais e da sua mobilidade no ambiente é de grande interesse em vários domínios científicos. É também importante compreender o comportamento dos radionuclídeos naturais no ambiente (por exemplo, mobilidade, transferências, translocação), porque essa informação pode ser utilizada como valores de parâmetros associados para avaliações radiológicas (Chen *et al.*, 2005). A transferência de radionuclídeos artificiais ao longo das cadeias alimentares terrestres tem sido estudada extensivamente nas últimas cinco décadas, com uma ênfase compreensível no ^{137}Cs desde 1986. Os radionuclídeos naturais não foram estudados com a mesma intensidade. Foram efectuadas muitas investigações em diferentes países, especialmente naqueles onde as concentrações de radionuclídeos naturais nos solos são particularmente elevadas (Shtangeeva, 2010).

A radioatividade natural do solo provém principalmente das séries do urânio e do tório e do potássio natural. O $^{(238)}$U e o ^{232}Th são, respetivamente, os nuclídeos de origem das séries do urânio e do tório (Sroor *et al.*, 2002). A implicação radiológica dos nuclídeos acima referidos deve-se à exposição do corpo à radiação por raios gama. Os radionuclídeos primordiais urânio, tório, rádio e potássio estão presentes no solo, em concentrações variáveis, relacionadas com a natureza da rocha-mãe durante a génese do solo (Pulhani *et al.*, 2005). A exposição pública à radiação proveniente das séries de decaimento radioativo natural do ^{238}U, ^{235}U e ^{232}Th ocorre principalmente devido à sua solubilidade na água e à migração para reservatórios de águas superficiais, levando à possibilidade de contaminar os géneros alimentícios após a transferência do solo para a planta, bem como de ser ingerido pelo corpo humano (Al-Kharouf *et al.*, 2008). O estudo da transferência de urânio e tório do solo para as plantas comestíveis através da absorção radicular é muito importante, especialmente tendo em conta a acumulação destes radionuclídeos nas cadeias alimentares (Shtangeeva, 2010). Os radionuclídeos nos solos são geralmente transferidos para diferentes tecidos vegetais por transferência direta através do sistema radicular, ou por precipitação de radionuclídeos e ressuspensão de solo contaminado seguida de deposição nas folhas das plantas. Foram realizados muitos estudos para determinar os factores de transferência (TF) para os produtos agrícolas mais importantes. A Agência Internacional da Energia Atómica (AIEA) levou a cabo vários projectos para determinar os FT, principalmente para o ^{90}Sr e o ^{137}Cs. Estes dados têm sido amplamente utilizados em modelos de avaliação radiológica. A radioatividade ambiental natural provém principalmente de radionuclídeos primordiais, como o ^{40}K, e os radionuclídeos das séries ^{232}Th e ^{238}U, e os seus produtos de decaimento são considerados como o principal contribuinte para a dose de radiação interna (Al Masri *et al.*, 2008).

O consumo de alimentos é a principal fonte de exposição humana a elementos radioactivos, o que conduz a doses internas de radiação (Chen *et al.*, 2005). A investigação de elementos vestigiais em matrizes biológicas, agrícolas, industriais e ambientais adquiriu uma enorme importância devido ao seu papel em questões de saúde. Os elementos vestigiais (radioactivos, tóxicos ou essenciais) chegam ao corpo humano através dos alimentos, bebidas, ar ambiente e outras exposições profissionais e acidentais. As evidências mostram que a deposição de elementos radiotóxicos como o I, Cs, Th, U, Sr, K em órgãos críticos e fluidos corporais, mesmo em níveis vestigiais, é suscetível de causar distúrbios fisiológicos de várias formas. Por exemplo, o iodo acumula-se na tiroide humana, o tório nos pulmões, no fígado e no esqueleto, o urânio nos pulmões e nos rins, o césio e o potássio nos músculos e o estrôncio nos tecidos esqueléticos (Akhter *et al.*, 2003). Os radionuclídeos destes elementos podem produzir danos por radiação nos respectivos órgãos e desenvolver vários tipos de doenças/cancros. Os elementos radioactivos são quimicamente semelhantes aos seus homólogos não radioactivos. Quando um elemento está em falta, o corpo absorve um outro elemento semelhante. Por exemplo, o cálcio dietético adequado impede a absorção de ^{90}Sr, ^{226}Ra e ^{140}Ba (Akhter *et al.*, 2003). Assim, a estimativa da exposição alimentar é crucial para a avaliação dos riscos e, possivelmente, para a determinação das relações entre os efeitos adversos observados nos seres humanos e a exposição alimentar a determinadas substâncias. A avaliação da exposição alimentar consiste em associar os dados de consumo alimentar aos dados de concentração/contaminação e, normalmente, inclui a aplicação de factores de ajustamento estatístico que permitem tirar conclusões sobre a quantidade de uma substância consumida numa base "habitual" ou ao longo da vida (Nasreddine *et al.*, 2010).

A geoquímica do urânio e do tório é de particular interesse para estudos radiológicos. Os conhecimentos fundamentais sobre o comportamento biogeoquímico destes metais e os processos envolvidos na sua migração ambiental são também de particular importância para a produção de energia, o abastecimento de água, a agricultura e a proteção e reparação do ambiente (Shtangeeva *et al.*, 2005). A avaliação do risco de impacto da maioria dos radionuclídeos baseia-se na taxa de dose radiológica total para o organismo em causa. No entanto, no caso do urânio de composição isotópica natural, existe um maior risco de toxicidade química do que de toxicidade radiológica (Sheppard *et al.*, 2005). O urânio pode ser caracterizado como um metal pesado, dúctil e ligeiramente paramagnético, de cor branco-prateada e pirofórico quando finamente dividido e, nesta forma, pode reagir com água fria (Gavrilescu *et al.*, 2009). Como elemento de ocorrência natural, contribui para baixos níveis de radiação natural de fundo no ambiente. O urânio encontra-se em todos os tipos de rocha em concentrações variáveis, mas geralmente pequenas. O urânio está amplamente disperso na crosta terrestre, nas rochas e nos solos a um nível de cerca de 2-4ppm em peso. A concentração de urânio na água dos oceanos, nas plantas e nos organismos animais é de cerca de 10-7 g/g, em resultado da solubilidade dos compostos de U (VI) na água (Gavrilescu *et al.*, 2009).

É pouco provável que a exposição ao urânio natural constitua um risco significativo para a saúde da população e pode não ter qualquer efeito mensurável. No entanto, a exposição ao urânio enriquecido, utilizado como combustível na produção de energia nuclear, pode representar um risco radiológico para a saúde. A toxicidade do urânio varia consoante a sua forma química e a via de exposição (Tykva *et al.*, 2009).). Muitos estudos indicam que o urânio é um metal pesado quimiotóxico (Sztajnkrycer *et al.*, 2004), tal como o chumbo, o mercúrio ou o cádmio. Esta quimiotoxicidade afecta sobretudo os rins e os ossos. Mas, recentemente, alguns estudos mostraram que o sistema nervoso central também é sensível ao urânio, uma vez que este atravessa a barreira hemato-encefálica (Bensoussan *et al.*, 2009) e se acumula no cérebro. Embora existam relatórios na literatura sobre a biogeoquímica do urânio e do tório, o número de publicações sobre o urânio é muito maior. Este facto não é surpreendente porque o urânio é um elemento importante para a produção nuclear (Shtangeeva *et al.*, 2005). Os estudos sobre o destino e o transporte do tório no ambiente são mais limitados. No entanto, recentemente a biogeoquímica do tório tem gerado mais interesse no domínio dos estudos ambientais (Morton *et al.*, 2002; Shtangeeva *et al.*, 2005; Hegazy e Emam, 2011, Hegazy *et al.*, 2011, Soliman *et al.* 2011). O tório está amplamente distribuído no ambiente e ocorre em níveis baixos na água, no solo, nas rochas, nas plantas e nos animais. O tório é um elemento litofílico típico e o seu comportamento geoquímico é muito semelhante ao dos elementos de terras raras, zircónio, háfnio e urânio (Shtangeeva *et al.*, 2005).

A gestão de crises e a tomada de decisões dependem em grande medida da nossa capacidade de prever como e em que medida esses elementos radioactivos podem afetar os alimentos. Esta capacidade de previsão depende principalmente do nível de compreensão dos mecanismos envolvidos nas interações dos radionuclídeos com diferentes componentes dos ecossistemas agrícolas e naturais e da sua formalização em modelos de previsão (Tamponnet *et al.*, 2008).

Objectivos do estudo

Os objectivos gerais do presente estudo são:

1. Monitorizar a absorção, distribuição e acumulação de radionuclídeos por algumas plantas e árvores de fruto cultivadas em solos costeiros de areia preta e em solos agrícolas tradicionais do interior.

2. Estudar o efeito das propriedades do solo e da aplicação de fertilizantes no crescimento das plantas e na absorção de radionuclídeos pelas espécies de plantas cultivadas em estudo.
3. Estimar os efeitos genotóxicos e as respostas bioquímicas que podem estar associados à absorção de radionuclídeos nas porções comestíveis das espécies vegetais das culturas em estudo.

Referências

Akhter, P.; Orfi, S.D. e Ahmad; N. (2003). Caesium concentration in the Pakistani diet (Concentração de césio na dieta paquistanesa). Journal of Environmental Radioactivity, **67**: 109-118.

Al-Kharouf, S.J.; Al-Hamarneh, I.F. e Dababneh, M. (2008). Radioatividade natural, avaliação da dose e absorção de urânio por culturas agrícolas em Khan Al-Zabeeb, Jordânia. Journal of Environmental Radioactivity, **99**: 1192-1199.

Al-Masri, M.S.; Al-Akel, B.; Nashawani, A.; Amin, Y.; Khalifa, K.H. e Al-Ain F. (2008). Transferência de ^{40}K, ^{238}U, ^{210}Pb, e ^{210}Po do solo para a planta em vários locais no sul da Síria. Journal of Environmental Radioactivity, **99**: 322-331.

Badran, H.M.; Sharshar, T. e Elnimer, T. (2003). Níveis de ^{137}Cs e ^{40}K em partes comestíveis de alguns vegetais consumidos no Egito. Journal of Environmental Radioactivity, **67**: 181-190.

Bensoussan, H.; Grancolas, L.; Dhieux-Lestaevel, B.; Delissen, O.; Vacher, C.-M.; Dublineau, I.; Voisin, P.; Gourmelon, P.; Taouis, M. e Lestaevel, P. (2009). O metal pesado urânio afecta o sistema colinérgico do cérebro do rato após exposição subcrónica e crónica. Toxicologia, **26**:1 59-67.

Bryan, K.R.; Robinson, A.; Briggs, R.M. (2007). Variabilidade espacial e temporal dos depósitos de placer de titanomagnetite numa praia predominantemente de areia preta. Marine Geology, **236**: 45-59.

Chen, S.B.; Zhu, Y.G e Hu, Q.H. (2005). Transferência do solo para a planta de ^{238}U, ^{226}Ra e ^{232}Th num solo afetado por minas de urânio do sudeste da China. Journal of Environmental Radioactivity, **82**: 223-236.

Dabbour, G.A. (1995). Estimativa das reservas económicas de minerais nas areias da praia de Rosetta. Egito. Mineral, **7**: 1-6.

El-Gamal, A.; Rashad, M. e Ghatass Z. (2010). Respostas radiológicas de diferentes tipos de sedimentos costeiros do Mediterrâneo egípcio. Radiation Physics and Chemistry, **79**: 831-838.

El-Hadry, A.F.A. (1988). Geologic and radiometric investigations on Abu Khashaba deposit, East Rosetta, Egypt. Tese de Mestrado, Faculdade de Ciências, Universidade do Cairo, 184 p.

Frihy, O.E.; Lotfy, M.F. e Komar, P.D. (1995). Variação espacial de minerais pesados e padrões de triagem de sedimentos ao longo do Delta do Nilo, Egito. Sedimentary Geology, **97**: 33-41.

Gavrilescu, M.; Pavel, L.V. e Cretescu, I. (2009). Caracterização e remediação de solos contaminados com urânio. Journal of Hazardous Materials, **163**: 475-510.

Hassan, A.A.H. (1993). Exploração magnética e espectrométrica do solo dos depósitos de areia preta no distrito de Abu Khashaba, área de Rosetta, Egito. Tese de Mestrado, Universidade do Cairo, 76 p.

Hegazy, A.K. e Emam, M.H. (2011). Acumulação e transferência de radionuclídeos do solo para a planta nos habitats de areia preta costeira do delta do Nilo. Revista Internacional de Fitorremediação, **13**:140-155.

Hegazy, A.K.; Emam, M.H.; Alatar, A.A. (2011). Crescimento e atributos reprodutivos de fitorremediadores de radionuclídeos nas areias negras costeiras do Mediterrâneo. Revista Africana de Biotecnologia, **10** (74): 16781-16792.

McCubbin, D.; Leonard, K.S.; Maher, B.A. e Hamilton, E.I. (2000). Associação de $^{210}Po(^{210}Pb)$, ^{239}G, ^{240}Pu e ^{241}Am com diferentes fracções minerais de uma areia de praia à escala do mar, Cumbria, Reino Unido. Science of the Total Environment, **254**: 1-15.

de Meijer, R.J.; James, I.R.; Jennings, P.J. e Koeyers, J.E. (2001). Análise de agrupamento de concentrações de radionuclídeos na areia da praia. Applied Radiation and Isotopes, **54**: 535-542.

Morton, L.S.; Evans, C.V. e Estes, G.O. (2002). Distribuições naturais de urânio e tório em solos podzolizados e mirtilo nativo. Journal of Environmental Quality, **31**: 155-162.

Nasreddine, L.; Nashalian, O.; Naja, F.; Itani, L.; Parent-Massin, D.; Nabhani-Zeidan, M. e Hwalla; N. (2010). Exposição alimentar a oligoelementos essenciais e tóxicos de um estudo de dieta total numa população urbana libanesa adulta. Food and Chemical Toxicology, **48**: 12621269.

Naim, G.M.; El-Miligy, A.T. e El-Azab, A.A. (1994). Avaliação da areia negra. The Egyptian Geological Survey and Mining Authority, **67**: 1-48.

Pulhani, V.A.; Dafauti, S.; Hegde, A.G.; Sharma, R.M. e Mishra, U.C. (2005). Absorção e distribuição de radioatividade natural em plantas de trigo a partir do solo. Journal of Environmental Radioactivity, **79**:

331-346.

Seddeek, M.K.; Badran, H.M.; Sharshar, T. e Elnimr, T. (2005). Caraterísticas, distribuição espacial e perfil vertical de radionuclídeos emissores de raios gama no ambiente costeiro do Norte do Sinai. Jornal de Radioatividade Ambiental, **84**: 21-50.

Sheppard, S.C.; Sheppard, M.I.; Gallerand, M.O. e Sanipelli, B. (2005). Derivação do limiar de ecotoxicidade para o urânio. Journal of Environmental Radioactivity, **79**: 55-83.

Shtangeeva, I. (2010). Absorção de urânio e tório por plantas nativas e cultivadas. Journal of Environmental Radioactivity, **101**: 458-463.

Shtangeeva, I.; Ayrault, S. e Jain, J. (2005). Thorium uptake by wheat at different stages of plant growth (Absorção de tório pelo trigo em diferentes fases de crescimento da planta). Journal of Environmental Radioactivity, **81**: 283-293.

Soliman, M.S.A.; Hegazy, A.K.; Goda, S.K.; Emam, M.H. e Al-Atar, A.A. (2011). Citotoxicidade e efeitos mutagénicos dos radionuclídeos do solo em algumas espécies de plantas da areia preta. Jornal do Mediterrâneo Ecology, **11**: 520.

Sroor A. (2003). Medições passivas e activas de amostras de monazite egípcia. Radiação Aplicada e Isótopos, **58**: 281-285.

Sroor, A.; Afifi, S.Y.; Abdel-Haleem, A.S.; Salman, A.B. e Abdel-Sammad, M. (2002). Medições de isótopos de poluentes ambientais e avaliação da radioatividade natural na zona de Tushki Norte, deserto do sudoeste, Egito. Applied Radiation and Isotopes, **57**: 427-436.

Sztajnkrycer, M.D. e Otten, E.J. (2004). Toxicidade química e radiológica do urânio empobrecido. Military Medicine, **169**, 212-216.

Tamponnet, C.; Martin-Garin, A.; Gonze, M.A.; Parekh, N.; Vallejo, R.; Sauras-Year, T.; Casadesus, J.; Plassard, C.; Staunton, S.; Norden, M. e Avila R, Shaw G. (2008). An overview of BORIS: Bioavailability of Radionuclides in Soils. Journal of Environmental Radioactivity, **99**: 820-830.

Tomsett, A.B. e Thurman, D.A. (1988). Molecular biology of metal tolerances of plants. Planta, Célula e Ambiente, **11**: 383-394.

Tykva, R.; Salahel Din, K.; Pavel, C.C.; Cecal, A. e Popa, K. (2009). Contribuição para a superfície externa de uma areia rica em titânio (Abou-Khashaba, Egito) nos processos de absorção de urânio. Journal of Radioanalytical Nuclear Chemistry, **279**: (3) 811-816.

Zhu, Y.G. e Shaw, G. (2000). Contaminação do solo com radionuclídeos e potencial de remediação. Chemosphere, **4**: 121-128.

2. ESPÉCIES E ÁREA DE ESTUDO

Espécies de estudo

Neste estudo, foram utilizadas duas espécies de plantas cultivadas, *nomeadamente* a rúcula (*Eruca sativa* Mill.) e o tomate (*Lycopersicon esculentum* L.) e as duas árvores de fruto comuns, a goiaba (*Psidium guajava* L.) e a manga *(Mangifera indica* L.), habitualmente cultivadas nos solos de areia preta costeira (Placa 2.1).

1- Rúcula (*Eruca sativa* Mill.)

A Eruca sativa é uma cultura vegetativa anual ou bianual originária da região mediterrânica (placa 2.2), onde a parte aérea é principalmente consumida fresca como salada (salada de rúcula), mas está amplamente distribuída por todo o mundo, particularmente na Índia, onde as sementes são também tradicionalmente utilizadas para a produção de óleo aromático (óleo de taramira). A espécie é utilizada na medicina tradicional devido ao seu teor de metabolitos secundários (Khoobchandani *et al.*, 2010). Foram realizadas investigações que comprovam que uma maior ingestão de vegetais crucíferos está associada a uma diminuição do risco de cancro nos seres humanos. As sementes de *E. sativa* são uma fonte relevante de proteção antioxidante e de atividade antimicrobiana. Os isotiocianatos presentes no óleo das sementes desempenham um papel importante na inibição da proliferação de células cancerígenas (Khoobchandani *et al.*, 2011).

2- Tomate (*Lycopersicon esculentum* L.)

Botânica e biologia floral

A palavra tomate é uma modificação de tomati. Palavra utilizada pelos nativos do México, que cultivam as plantas para fins alimentares desde os tempos pré-históricos. *Lycopersicon esculentum* L. (syn. *Salanum lycopersicum* L.) (2n=24) é uma herbácea anual pertencente à família Solanaceae (Rai e Yadav, 2005). As raízes adventícias laterais desenvolvem-se profusamente. O caule é macio, quebradiço e peludo quando jovem e duro, lenhoso e capitosamente ramificado quando maduro (placa 2.3). É ereto a semi-ereto. A folha é alternada, peciolada e tem uma largura de 2,15 polegadas. Os folíolos são desiguais e ímpares. O número de folíolos varia de quatro a vários. As inflorescências são cimas extra-axilares com ramificação dicotómica ou policotómica (Rai e Yadav, 2005). O tomateiro é uma planta autogâmica com uma baixa taxa de polinização cruzada. O número de flores por cacho varia de três a várias (Raemaekers, 2001). A planta produz flores amarelas brilhantes. As flores são pentâmeras, bissexuais, regulares e hipóginas. O fruto é uma baga mole. Cada fruto contém 50 a 100 sementes. A semente é oval, achatada, de cor castanha a castanha clara, com 3-5 mm de comprimento (Raemaekers, 2001).

Placa 2.1. Culturas agrícolas na areia negra costeira de Baltim.

Placa 2.2. *Eruca sativa* cultivada na areia preta de Baltim.

Origem e regiões de produção

A informação científica indica que o tomate cultivado teve a sua origem numa forma silvestre na zona Peru-Equador-Bolívia dos Andes (Rai e Yadav, 2005). Devido à sua adaptação a uma gama extremamente ampla de condições pedoclimáticas, o tomate encontra-se em toda a África tropical, tanto em zonas de alta altitude (500-2.00 m) como em baixas altitudes (< 500 m). Os rendimentos mais elevados registam-se na Nigéria, Gana, Camarões, Sudão e Benin (Raemaekers, 2001). Os outros grandes produtores de tomate no mundo são os Estados Unidos, a China, a Turquia, a Itália, o Egito, a Espanha, o Irão e a Grécia (Raemaekers, 2001).

Ambiente

Para crescer e desenvolver-se bem, o tomate requer temperaturas diurnas bastante altas (21°-28° C) e temperaturas nocturnas bastante baixas (15°-20° C). Uma humidade relativa elevada e horas de luz do dia mais longas favorecem o crescimento. Durante a floração, o tomateiro é muito sensível à temperatura do ar, que desempenha um papel importante não só durante a formação das flores e do pólen, mas também durante a polinização e a fertilização (Raemaekers, 2001). As temperaturas elevadas atrasam, geralmente, a floração e reduzem o número e o tamanho das flores. Níveis baixos de luz e temperaturas altas levam a uma redução do tamanho dos frutos. O tomate prefere solos profundos, friáveis, ricos em matéria orgânica, bem drenados e com uma alta capacidade de retenção de água (Raemaekers, 2001).

Valor nutritivo e utilizações

Em Inglaterra, o tomate é popularmente conhecido como 'Love of Apple', enquanto que, na Índia, é comummente referido como 'poor Man's orange' (Rai e Yadav, 2005). Os tomates são nutritivos e pobres em calorias. Um tomate de tamanho médio tem apenas 35 calorias, com 0,5 g de gordura e 1,0 g de fibra alimentar. Esta porção de tomate fornece 40% de vitamina C, 20% de vitamina A e 2% de ferro e cálcio (Decoteau, 2000). A polpa e o sumo são aperitivos suaves digeríveis, estimulantes da secreção gástrica e purificadores do sangue. É também considerado um anti-sético intestinal (Rai e Yadav, 2005). Diz-se que é útil no cancro da boca e na dor de boca. Estimula o fígado tórpido e é bom para a dispepsia crónica. É um dos legumes mais ricos que mantêm o nosso estômago e intestino em boas condições. Nos últimos anos, vários estudos epidemiológicos mostraram que o tomate protege contra o cancro do aparelho digestivo e da próstata (Rai e Yadav, 2005).

3- Goiaba (*Psidium guajava* L.)

Botânica e biologia floral

O nome goiaba deriva da palavra indiana *guyaba*, pela qual era conhecida na República Dominicana. A goiabeira pertence ao género *Psidium* da família Myrtaceae. *O Psidium guajava* é um arbusto perene ou uma pequena árvore com um tronco tortuoso (placa 2.4), com 3-10 m de altura (Raemaekers, 2001). A casca lisa desprende-se em grandes placas. As folhas são opostas com pecíolos curtos. São elípticas, ovais ou lanceoladas. As flores são solitárias ou agrupadas. São de cor branca rosada e têm um odor agradável. O fruto é uma baga, encimada por um cálice persistente. Consoante a variedade, o fruto pode ser redondo, ovoide ou em forma de pera, com 3-10 cm de comprimento, geralmente amarelo, com polpa que varia do branco ao rosa escuro e ao rosa salmão (Raemaekers, 2001). Contém um grande número de pequenas sementes duras e reniformes e amadurece cerca de 100 dias após a floração.

Origem e regiões de produção

A goiaba é nativa dos trópicos americanos. Propaga-se facilmente com longa viabilidade e naturalizou-se ao ponto de as pessoas de diferentes países considerarem a goiaba como indígena da sua própria região (Nakasone e Paull, 1998). Propaga-se tão rapidamente e cresce tão vigorosamente que invadiu certas ilhas do Mar do Sul em menos de cinquenta anos e desenvolveu-se ao ponto de ser considerada uma planta nociva nas regiões de criação de gado (Raemaekers, 2001).

Ambiente

A goiabeira está adaptada a uma grande variedade de tipos de solo. Responde bem a solos com boa drenagem e elevado teor de matéria orgânica e é bastante tolerante a um pH do solo de 4,5 a 8,2 (Raemaekers, 2001). No entanto, para obter um bom rendimento, a árvore necessita de solos profundos e férteis com humidade suficiente (Nakasone e Paull, 1998). A goiabeira está adaptada a todos os climas quentes e moderadamente húmidos. Pode suportar temperaturas baixas durante períodos curtos, mas não tolera geadas (Raemaekers, 2001).

Valor nutritivo e utilizações

Os frutos maduros são os mais apreciados tanto pelos ricos como pelos pobres. São fontes ricas de vitamina C, que é 2 a 5 vezes mais do que o sumo de laranja fresco, e uma fonte razoável de vitamina A, cálcio, fósforo, riboflavina, tiamina e niacina (Singh, 1995). As sementes de goiaba contêm ferro, mas a maior parte não é utilizada. As sementes também contêm óleo. Enquanto a madeira é utilizada para pequenas madeiras, as folhas produzem corante e tanino e têm valor medicinal para curar a diarreia (Singh, 1995).

4- Manga (*Mangifera indica* L.)

Botânica e biologia floral

A manga pertence à família das Anacardiaceae (Paull e Duarte, 2011). A árvore pode crescer até 15-20 cm de altura e o seu tronco pode atingir um diâmetro de 1,5 m (Placa 2.5). A copa é compacta e mais ou menos esférica. A raiz axial pode ter até 6 m de profundidade. As folhas são simples, glabras, ovoide-lanceoladas a ovais. São vermelho-acastanhadas quando jovens e tornam-se verde-escuras mais tarde (Paull e Duarte, 2011). O fruto, suspenso num pedículo longo, é uma drupa assimétrica, mais ou menos achatada lateralmente consoante a variedade (Raemaekers, 2001). O peso pode atingir um máximo de 2 Kg e a cor varia entre o amarelo-esverdeado e o vermelho-púrpura (Raemaekers, 2001).

Origem e regiões de produção

A manga é uma das mais antigas árvores de fruto cultivadas. É provavelmente originária da Índia ou do arquipélago da Malásia e o seu cultivo remonta a um período muito longo. Foi introduzida em África a partir do século X pelos árabes, até ao sul da bacia do Congo (Raemaekers, 2001). Atualmente, a manga encontra-se em todas as zonas tropicais, bem como em muitas regiões subtropicais do mundo, o que atesta a sua grande capacidade de adaptação (Paull e Duarte, 2011). Em África, é cultivada no norte do Senegal, no sul do Mali, no Burkina Faso, no Sudão e no Egito (Raemaekers, 2001).

Ambiente

A manga prospera quando as temperaturas raramente descem abaixo dos 2°-4°C e quando não excedem os 40°C. A temperatura óptima situa-se entre 23° e 27°C (Raemaekers, 2001). A produção comercial de manga não pode ser considerada sem irrigação se a precipitação média anual for inferior a 700 mm, abaixo desta média a manga pode ser cultivada dependendo da profundidade do lençol freático. A manga cresce numa grande variedade de locais, mas prefere solos profundos, razoavelmente leves ou médios. O pH deve situar-se entre 5,5 e 7,5. A manga é sensível ao excesso de sal, onde os solos calcários com um pH elevado e problemas de salinidade limitam o desenvolvimento da manga (Paull e Duarte, 2011).

Valor nutritivo e utilizações

A manga é conhecida como a "maçã dos trópicos". São deliciosas e uma boa fonte de vitaminas (Rieger, 2009).

Placa 2.3. *Lycopersicon esculentum* cultivado em areia preta de Baltim.

Placa 2.4. *Psidium guajava* cultivada em areia preta de Baltim.

Placa 2.5. *Mangifera indica* cultivada em areia preta de Baltim.

A manga é utilizada numa variedade de remédios populares para várias doenças (Litz, 1997). Das folhas são feitos adstringentes e remédios para doenças da bexiga, diarreia e micose. A casca é rica em taninos e é utilizada para curtir peles de animais. Os frutos da manga contêm aminoácidos, hidratos de carbono, ácidos gordos, minerais, ácidos orgânicos, proteínas e vitaminas (Litz, 1997). As mangas maduras contêm níveis moderados de vitamina C, mas são bastante ricas em provitamina A e vitaminas B1 e B2 (Litz, 1997).

Área de estudo

O presente estudo foi efectuado em zonas de cultivo de areia preta costeira e em zonas agrícolas interiores, no delta do rio Nilo. O local costeiro, Baltim, situa-se em redor do Lago El-Burullus entre as longitudes 31° 5' E e as latitudes 31° 35' N. Baltim situa-se no norte da província de Kafr El-Sheikh, de frente para o Mar Mediterrâneo, para o Lago El-Burullus a sul, para a cidade de Al Hammul a leste e para as aldeias El-Sheikh Mabrouk e Al-Raba a oeste (Figura 1.1). A praia de Baltim é uma das praias públicas mais importantes do sector central da costa do delta do Nilo e está situada a cerca de 11 km a oeste da enseada de Burullus, a meio caminho entre os promontórios do Nilo. Esta praia atrai milhares de pessoas da região adjacente do delta. A praia de Baltim situa-se numa linha costeira muito ativa, constituída por uma praia de areia arqueada (Frihy, 2001). Os locais do interior foram selecionados onde a planta-alvo é habitualmente cultivada. O material de *E. sativa* foi colhido em Giza, *L. esculentum* em Kafr El Sheikh, *P. guajava* em El Dakahlia e *M. indica* em El Nubaria.

De acordo com o mapa de distribuição mundial de regiões áridas da UNESCO (1977), a parte norte do Delta do Nilo insere-se na região árida mediterrânica. Os registos climáticos da estação de Baltim representam o local de estudo de Baltim. As estações de El Dakahlia e Giza representam os locais cultivados no interior durante o período de 20082010 (Quadro 2.1 do Apêndice). janeiro foi o mês mais frio nas estações de Baltim (14,6 °C) e também nas estações de El Dakahlia e Giza (13,9 e 15,3 °C respetivamente), enquanto julho e agosto foram os meses mais quentes, com 27,5 e 27,4° C respetivamente na estação de Baltim, 28,8 ° C na estação de El Dakahlia e 29,9 °C na estação de Giza. A média anual das temperaturas máxima e mínima nas estações meteorológicas de Baltim foi de aproximadamente 25,9 e 21,5° C, respetivamente, mas na estação de El Dakahlia foi de 29,2 e 22,1 ° C, respetivamente, e na estação de Giza foi de 29,2 e 23,5 ° C, respetivamente. A precipitação total anual foi de 99,9 mm na estação de Baltim, enquanto que nas estações de El Dakahlia e Giza apenas se registaram 12,1 e 11,8 mm, com a maior parte da chuva a cair nos meses de inverno, janeiro/fevereiro. A humidade relativa média foi de 65,3% na estação de Baltim, 61,4% na estação de El Dakahlia e 58% na estação de Giza. A velocidade média do vento registada foi de 2,8 m/s em Baltim, enquanto que nas estações de El Dakahlia e Giza a velocidade média do vento foi de 3,1 e 1,5 m/s, respetivamente.

Referências

Decoteau, D.R. (2000). Vegetable Crops. Prentic Hall, Inc. Upper Sddle River, NJ 07458, New Jersey, EUA, 464 p.

Frihy, O.E. (2001). The necessity of environmental impact assessment (EIA) in implementing coastal projects: lessons learned from the Egyptian Mediterranean Coast. Ocean & Coastal Management, **44**: 489-516.

Khoobchandani, M.; Ganesh, N.; Gabbanini, S.; Valgimigli, L. e Srivastava, M.M. (2011). Potencial fitoquímico de *Eruca sativa* para inibição do crescimento do tumor de melanoma. Fitoterapia, **82**(4), 647-653.

Khoobchandani, M.; Ojeswi, B.K.; Ganesh, N.; Srivastava, M.M.; Gabbanini, S.; Matera, R.; Iori, R. e Valgimigli, L. (2010).
Propriedades antimicrobianas e perfil analítico do óleo tradicional de sementes de *Eruca sativa*: Comparação com vários extractos de plantas aéreas e de raízes. Química Alimentar, **120**: 217-224.

Litz, R.E. (1997). The Mango Botany, Production and Uses. CAB International, Reino Unido, 487 p.

Nakasone, H.Y e Paull, R.E. (1998). Tropical Fruits. CAB International, Walling Ford, Reino Unido, 445 p.

Paull, R.E e Duarte, O. (2011). Tropical Fruits, 2nd Edition, Volume 1. CAB International, Reino Unido, 400 p.

Raemaekers, R.H. (2001). Crop Production in Tropical Africa. Direção-Geral da Cooperação Internacional (DGIC), Ministério dos Negócios Estrangeiros, do Comércio Externo e da Cooperação Internacional, Bruxelas, Bélgica, 1540 p.

Rai, N. e Yadav, D.S. (2005). Advances in Vegetable Production (Avanços na produção de vegetais). Researchco Book Centre, Nova Deli-110 005, Índia, 995 p.

Rieger, M. (2009). Introduction to Fruit Crops (Introdução às culturas frutícolas). Food Products Press. Uma impressão da The Haworth Press, Inc. Nova Iorque, Londres, Oxford, 462 p.

Singh, S.P. (1995). Commercial Fruits. Kalyani Publishers, Ludhiana-New Delhi-Noida (U.P.) Índia, 293 p.

UNESCO (1977). Mapa da Distribuição Mundial das Regiões Áridas. Notas técnicas do MAB. WWF "World Wildlife Fund" (2001) Nile Delta Flooded Savanna. www.worldildlife.org.

3. RESPOSTA DO CRESCIMENTO DAS PLANTAS E DA DISPONIBILIDADE DE RADIONUCLÍDEOS AOS FERTILIZANTES ORGÂNICOS E QUÍMICOS

Resumo. O efeito da aplicação de fertilizantes no solo de areia preta rico em radionuclídeos foi investigado para determinar o papel da fertilização orgânica e química (NPK) no crescimento das plantas e na acumulação de urânio e tório pelo tomate (*Lycopersicon esculentum* L.) e rúcula (*Eruca sativa* Mill.). As plantas foram cultivadas em solos de areia preta tratados com fertilizantes orgânicos e NPK. Foi analisado o crescimento das plantas e a relação entre os teores de urânio e tório nas plantas e entre os radionuclídeos acumulados e o crescimento das plantas. O urânio e o tório foram acumulados com maiores concentrações nas raízes. Os atributos de crescimento diminuíram com o aumento dos teores de urânio e tório nos órgãos das plantas. A aplicação de fertilizantes orgânicos e químicos em solos de areia preta torna os radionuclídeos indisponíveis para absorção ou translocação pelas plantas. A aplicação de fertilizantes no solo de areia preta reduziu a disponibilidade de urânio. Verificou-se uma relação negativa entre o teor de radionuclídeos e o crescimento de *L. esculentum*. A aplicação de fertilizantes aumentou o crescimento da planta e a produção de biomassa, mas suprimiu a transferência de radionuclídeos do solo para a planta. A aplicação controlada de fertilizantes orgânicos e químicos pode ser considerada para a fitoestabilização de radionuclídeos nos solos de areia preta ricos em urânio e tório.

Introdução

Os depósitos de areia negra são extensos ao longo da costa mediterrânica do delta do Nilo e do Sinai, no Egito. Estas areias negras contêm alguns minerais importantes, como zircão, magnetite, granada, rutilo e monazite, alguns dos quais contêm urânio e tório nas suas estruturas químicas (Hassan, 1993; El-Hadry, 1998; El-Gamal, *et al*., 2010; Hegazy e Emam, 2011). As ocorrências anormais de urânio e dos seus produtos de decaimento em rochas e solos e de tório em areias monazíticas são as principais fontes de elevadas áreas naturais de fundo que foram identificadas em várias zonas do mundo (Bolca, *et al.* 2007). A transferência de radionuclídeos artificiais ao longo das cadeias alimentares terrestres tem sido estudada extensivamente nas últimas cinco décadas, com uma ênfase compreensível no ^{137}Cs desde 1986. Os radionuclídeos naturais não foram estudados com a mesma intensidade. Foram efectuadas muitas investigações em diferentes países, especialmente naqueles em que as concentrações de radionuclídeos naturais nos solos são particularmente elevadas (Shtangeeva, 2010). Os radionuclídeos nos solos são geralmente transferidos para diferentes órgãos das plantas por transferência direta através do sistema radicular ou por precipitação no solo seguida de deposição nos rebentos das plantas (Al Masri *et al*., 2008; Hegazy e Emam, 2011). Entre os radionuclídeos, o urânio e o tório são as principais fontes de energia na biosfera, pelo que ocorrem naturalmente em todos os solos e plantas, embora as suas concentrações nas plantas possam ser bastante baixas (Shtangeeva, 2010).

A exposição pública à radiação proveniente das séries de decaimento radioativo natural do ^{238}U, ^{235}U e ^{232}Th ocorre principalmente devido à sua solubilidade na água e à migração para reservatórios de águas superficiais, levando à possibilidade de contaminar os géneros alimentícios na sequência da transferência do solo para as plantas, bem como da ingestão no corpo humano (Al-Kharouf *et al.*, 2008). O estudo da transferência de urânio e tório do solo para as plantas comestíveis através da absorção radicular é muito importante, especialmente tendo em conta a acumulação destes radionuclídeos nas cadeias alimentares. Uma compreensão da mobilidade do urânio e do tório nos solos e da sua transferência para diferentes plantas exige o conhecimento das interações do urânio e do tório com os componentes abióticos e bióticos do solo (Shtangeeva, 2010). Sabe-se que a transferência de radionuclídeos naturais do solo para as plantas é principalmente afetada pelas caraterísticas do solo (Pulhani *et al.*, 2005; Hegazy e Emam, 2011). A intervenção para reduzir a ingestão humana de radionuclídeos através da cadeia alimentar pode ser implementada a vários níveis. Tem sido geralmente sugerido que a aplicação de contramedidas baseadas na agricultura durante a produção de culturas é uma das formas mais eficazes de reduzir a dose de radiação para a população humana (Zhu e Shaw, 2000). Uma vez que os radionuclídeos são depositados no solo, a transferência do solo para a planta é controlada em duas interfaces, ou seja, a interface solo-líquido no interior do solo e a interface solução do solo-raiz da planta. As propriedades do solo, como o pH, os teores de argila, Ca, K e matéria orgânica, e as alterações do solo, como a aplicação de fertilizantes, afectam fortemente o perfil de absorção, retenção e distribuição dos radionuclídeos nas plantas (Bolca *et al.*, 2007).

Em geral, o objetivo da ecotoxicologia é descrever o impacto potencial dos contaminantes nos componentes do ecossistema, de modo a que possam ser tomadas decisões adequadas para proteger o ambiente. Assim, é importante proteger as espécies contra efeitos no crescimento e na reprodução, e não apenas contra a letalidade (Sheppard *et al.*, 2005; Soliman *et al.*, 2011; Hegazy *et al.*, 2011). Em particular, a contaminação de áreas cultivadas e naturais que fornecem alimentos e forragens está a contribuir em grande medida para a dose de radiação da população. A gestão de crises e a tomada de decisões dependem em grande medida da nossa capacidade de prever como e em que medida essa contaminação pode afetar os géneros alimentícios. Esta capacidade de previsão depende principalmente do nível de compreensão dos mecanismos envolvidos nas interações dos radionuclídeos com diferentes componentes dos ecossistemas agrícolas e naturais e da sua formalização em modelos de previsão (Tamponnet *et al.*, 2008).

Em algumas partes do mundo, o crescimento e a deslocação da população e a necessidade de segurança alimentar resultaram na pressão para utilizar terrenos agrícolas que contêm níveis relativamente elevados de radioatividade, por exemplo, nas zonas de monazite da Índia e do Brasil, e em partes do Irão com anomalias de ^{226}Ra, onde ocorrem anualmente exposições até dezenas de mSv e, em casos extremos, 100 mSv (Jibiri *et al.*, 2007) e em muitas localidades de areia preta ao longo da costa mediterrânica do Egito (Hegazy e Emam, 2011).

A aplicação de fertilizantes no solo induz alterações químicas e biológicas que afectam a transferência global de radionuclídeos do solo para a planta (Zhu e Shaw, 2000). Na década de 1960, verificou-se que a aplicação de adubos à base de K e Ca em solos contaminados pode diminuir a absorção pelas plantas dos seus respectivos análogos radioactivos, o radiocaesio e o radiostrontium (Zhu e Shaw, 2000). Existem provas de que a correção de sedimentos contaminados com urânio com minerais fosfatados é eficaz para reduzir a migração do urânio. A adição de fertilizantes fosfatados em solos contaminados com urânio pode também afetar positivamente a nutrição de fósforo e o crescimento de uma cobertura vegetal que, por sua vez, deverá melhorar a estabilidade e a sustentabilidade do local remediado com menor risco de dispersão de metais (Rufyikiri *et al.*, 2006). O fosfato também reage com o urânio, formando fosfatos de uranilo pouco solúveis ou produtos de precipitação como a autunite, que são estáveis numa vasta gama de condições geoquímicas. A fertilização com fósforo pode assim reduzir a mobilidade do urânio e a sua biodisponibilidade em diversas condições do solo. Além disso, o fósforo é um macronutriente essencial que influencia o desenvolvimento das plantas e, por conseguinte, a bioacumulação de metais (Rufyikiri *et al.*, 2006). Apesar do papel importante que o fósforo pode desempenhar na imobilização química do urânio nos solos, há pouca informação disponível na literatura sobre os efeitos da adição de fósforo na absorção de urânio pelas plantas que crescem em solos relativamente ricos em urânio (Rufyikiri *et al.*, 2006).

Estabelecemos a hipótese de que a aplicação de fertilizantes em solos contaminados com radionuclídeos pode suprimir a sua transferência do solo para a planta. A acumulação de radionuclídeos nos órgãos das plantas cultivadas em solos contaminados com radionuclídeos depende principalmente da espécie e dos órgãos da planta. Para testar esta hipótese, o presente estudo foi realizado para avaliar a absorção de radionuclídeos por duas plantas economicamente importantes, nomeadamente a rúcula (*Eruca sativa* Mill.) e o tomate (*Lycopersicon esculentum* L.), quando cultivadas em condições de estufa. O efeito da aplicação de fertilizantes no solo de areia preta foi investigado para determinar o papel da fertilização orgânica e química no crescimento das plantas e na absorção de urânio e tório pelas duas espécies de plantas cultivadas.

Materiais e métodos

Para este estudo, foram utilizadas duas espécies de plantas cultivadas nos solos de areia preta dos locais de estudo, nomeadamente a rúcula (*Eruca sativa* Mill.) e o tomate (*Lycopersicon esculentum* L.). O solo de areia preta utilizado neste estudo foi recolhido a uma profundidade de 0-30 cm do sítio de Baltim, onde as duas plantas cultivadas em estudo, *L. esculentum* e *E. sativa*, são cultivadas por agricultores locais.

Estudo experimental

Este estudo foi efectuado numa estufa aberta, na quinta agrícola da Universidade do Cairo (Placas 3.1 e 3.2). A experiência teve início em 4 de fevereiro e terminou em 2 de junho de 2009. A temperatura média mensal máxima durante o período experimental foi de 22,9°C em fevereiro e de 37,4°C em junho, enquanto a temperatura média mensal mínima variou entre 9,8°C em fevereiro e 22,1°C em junho. A humidade relativa média variou entre 54% em fevereiro e 49% em junho. Para a amostragem, foram efectuadas cinco réplicas (n=5) para cada medição.

a- Efeito dos fertilizantes orgânicos e químicos

O solo de areia preta foi deixado a secar ao nível da bancada no laboratório e passado por um peneiro de 2 mm para separar a folhada e o cascalho. As plantas foram cultivadas em vasos de plástico com 20 cm de diâmetro e 25 cm de profundidade. Cada vaso foi preenchido com 3,5 kg de terra de areia preta. Dez sementes foram semeadas a uma profundidade de 1 cm. As plantas foram regadas regularmente com água do rio Nilo. Após a emergência completa das plântulas, estas foram desbastadas até se obterem os cinco indivíduos saudáveis mais semelhantes por vaso. Os vasos foram divididos em três grupos; o primeiro grupo foi fertilizado com o fertilizante orgânico, o segundo grupo usou o fertilizante químico (NPK) e, o último grupo de vasos não foi fertilizado. O adubo orgânico foi aplicado nos vasos misturando as camadas superiores do solo com 100 g por vaso do adubo. O adubo orgânico foi adicionado após a emergência das mudas e durante a floração para apoiar o crescimento dos órgãos reprodutivos e o amadurecimento dos frutos. O adubo químico foi utilizado dissolvido na água de irrigação (5gm NPK/Litro). No final da experiência, as plantas de cada tratamento foram cuidadosamente escavadas. As raízes foram cuidadosamente removidas do solo e cuidadosamente lavadas sem partículas de solo sob um leve fluxo de água destilada, depois separadas em raízes, caules, folhas e frutos para a análise de radionuclídeos.

b- Acumulação de radionuclídeos

As duas plantas de estudo foram cultivadas em solo de areia preta recolhido em Baltim e em solo argiloso (para comparação) recolhido em Gizé, onde se cultivavam *L. esculentum* e *E. sativa*. Cada vaso foi preenchido com 3,5 kg de solo. Dez sementes foram semeadas a uma profundidade de 1 cm. As plantas foram regadas regularmente com água do rio Nilo. Após a emergência completa das plântulas, estas foram desbastadas até se obterem os cinco indivíduos saudáveis mais semelhantes por vaso. No final da experiência, as plantas foram cuidadosamente colhidas e separadas em raízes, caules, folhas e frutos para análise de radionuclídeos em diferentes órgãos da planta.

c- Crescimento das plantas

A amostragem das plantas e as medições de crescimento foram efectuadas nas fases de plântula, juvenil, floração, frutificação e senescência. As medições do crescimento das plantas foram efectuadas de acordo com Evans (1972) e Hunt (1981). A taxa de crescimento relativo (RGR) foi estimada como a diferença em peso seco ao longo do intervalo de tempo (mg $_{g\text{-}1}$ dia^{-1}) como: RGR = (In W2 - In W_1) / (t_1 - t_2), em que W1 e W_2 são os pesos no tempo t1 e t2, respetivamente. A taxa de assimilação líquida (TAL) foi estimada como a diferença no peso seco ao longo do intervalo de tempo em relação à área foliar (mg cm^{-2} dia^{-1}) como NAR= {(W2-W1)/ (t2-t1)} x {(In A2-ln A1)/ (A2- A1)}, onde A1 e A2 são as áreas foliares no tempo t1 e t2, respetivamente. O índice de área foliar (LAI) foi medido como a área foliar total por área de superfície do vaso (cm^{2}cm^{-2}) e a área foliar específica (SLA) calculada como a área foliar total por peso total da folha (mm^{2}mg$^{-1)}$. Para a atribuição da matéria seca, as plantas individuais foram escavadas e separadas em órgãos componentes e o peso seco em estufa a 80°C de cada componente foi expresso como uma percentagem do peso seco total de cada planta individual. O rácio raiz/parte aérea foi estimado com base no peso seco e calculado como o peso seco da raiz dividido pelo peso seco da parte aérea.

Determinação do teor de radionuclídeos

A concentração de urânio e tório no solo foi determinada espectrofotometricamente (Marczenko, 1986) no Uranium & Thorium Laboratory, Central Labs, Anshas, Nuclear Materials Authority. O teor de urânio e de tório em diferentes órgãos das plantas foi determinado por espetrómetro de massa de plasma indutivamente acoplado de alta resolução (técnica ICP-MS), modelo Jeol-JMS-PLASMAX2, instalado no Central Laboratory for Elemental and Isotopic Analysis, Nuclear Research Center, Atomic Energy Authority, no Egito. As concentrações medidas de urânio e de tório nas amostras de solo e de plantas foram obtidas em ppm e convertidas em unidades de $BqKg^{-1}$ de peso seco, multiplicando o valor do urânio por 12,34 e multiplicando o valor do tório por 4,0404. Os grupos de dados foram comparados por análise de variância (ANOVA) e foram consideradas diferenças significativas a PD0,05.

Placa 3.1: Experimento em vaso de *Eruca sativa* cultivada em areia preta de Baltim sob condições de estufa com diferentes tratamentos de fertilização e em solo argiloso. A: Areia preta adubada organicamente, B: Areia preta adubada quimicamente, C: Areia preta não adubada e D: Solo argiloso.

Placa 3.2: Experimento em vaso de *Lycopersicon esculentum* cultivado em areia preta de Baltim em condições de estufa com diferentes tratamentos de fertilização e em solo argiloso. A: Areia preta adubada organicamente, B: Areia preta adubada quimicamente, C: Areia preta não adubada e D: Solo argiloso.

Resultados

Teor de radionuclídeos

O conteúdo de radionuclídeos de urânio e tório no solo está resumido na Tabela 3.1. A concentração de urânio e tório foi significativamente maior no solo de areia preta do que no solo argiloso. As concentrações de urânio no solo de areia preta em que *E. sativa* e *L. esculentum* foram cultivadas ascenderam a 76,919 e 95,429 $BqKg^{-1}$ de peso seco, respetivamente, o que foi significativamente mais elevado do que as quantidades medidas no solo argiloso, 45,247 e 46,892 $BqKg^{-1}$ de peso seco, respetivamente. A mesma tendência de resultados foi observada com a concentração de tório, que foi de 32,458 e 31,246 $BqKg^{-1}$ no solo de areia preta, enquanto no solo argiloso, o teor de tório foi de 16,027 e 11,448 $BqKg^{(-1)\, de}$ peso seco, respetivamente.

As concentrações de urânio e tório determinadas em diferentes órgãos das plantas das culturas em estudo são apresentadas na Figura 3.1. Em geral, os teores de urânio e tório atingiram os valores mais baixos nos órgãos das plantas das duas plantas cultivadas no solo argiloso, enquanto quase atingiram os níveis mais altos nas plantas cultivadas no solo de areia preta.

Em *E. sativa*, os teores de urânio e tório na raiz apresentaram os valores mais elevados em comparação com os teores no caule e nas folhas das plantas cultivadas em solo de areia preta com diferentes tratamentos de adubação ou cultivadas em solo argiloso. A concentração de urânio nas raízes diminuiu nas plantas adubadas organicamente, enquanto a concentração de tório aumentou nas raízes das plantas cultivadas em solo de areia preta com adubo orgânico e químico. Os teores de urânio e tório no caule de *E. sativa* aumentaram, em geral, nas plantas cultivadas em solo de areia preta com fertilizantes orgânicos e químicos. Não houve diferença significativa no teor de urânio e tório nas folhas entre as plantas cultivadas em solos de areia preta sob diferentes tratamentos de fertilização.

No que respeita a *L. esculentum*, tal como *E. sativa*, os teores de urânio e tório atingiram os valores máximos nas raízes das plantas, diminuindo depois no caule e nas folhas e atingindo o nível mínimo nos frutos. As plantas cultivadas em solo de areia preta sem fertilizante acumularam mais urânio nas raízes e caules do que as plantas cultivadas em solo de areia preta com fertilizante orgânico. Em contraste com o urânio, a acumulação de tório na raiz e no caule aumentou significativamente nas plantas cultivadas no solo de areia preta fertilizado organicamente. O valor mais elevado do teor de tório nas folhas de *L. esculentum* (1,414 $BqKg^{-1}$ de peso seco) foi detectado nas plantas cultivadas em solo de areia preta com fertilizante NPK. Os resultados mostraram diferenças não significativas no teor de urânio das folhas e no teor de tório dos frutos nas plantas cultivadas em solos de areia preta com diferentes tratamentos de fertilização. O teor de urânio nos frutos foi maior nas plantas cultivadas em solo de areia preta adubado com fertilizante NPK do que nas plantas cultivadas em solos com fertilizantes orgânicos.

Relação entre os teores de urânio e tório nos diferentes órgãos das plantas das duas culturas em estudo plantas, tal como se depreende da regressão múltipla dos dados, deu um valor R^2 que mostra a variação da sua concentração nas raízes, caules, folhas e órgãos reprodutores (Quadro 3 . 2 e Figura 3 . 2). No que diz respeito a *E. sativa*, a relação entre o teor de urânio e de tório na planta não foi significativa, exceto no que diz respeito ao teor na raiz, uma vez que a relação entre os dois elementos foi significativamente positiva. Em *L. esculentum*, verificou-se uma forte relação entre os teores de urânio e de tório nos diferentes órgãos da planta, especialmente nas folhas e nos órgãos reprodutores, onde se registou uma forte relação negativa entre a acumulação de tório nas folhas e a concentração de urânio.

Tabela 3.1. Concentração de urânio e tório ($BqKg^{-1}$ de peso seco) na areia preta e nos solos argilosos. Os dados são expressos como média± S.D.

Species	Study Site	Uranium ($Bq\ Kg^{-1}$)	Thorium ($Bq\ Kg^{-1}$)
Eruca sativa	Black sand soil	76.919±3.105***	32.458±0.617***
	Clayey soil	45.247±1.885	16.027±0.617
Lycopersicon esculentum	Black sand soil	95.429±3.105***	31.246±1.017***
	Clayey soil	46.892±2.468	11.448±0.617

Estrelas sobrescritas diferentes para a mesma espécie indicam uma diferença significativa, ••• significativa a P<0,001; •• significativa a P<0,01 e • significativa a P<0,05.

Tabela 3.2. Regressões múltiplas dos dados que mostram valores de R^2 indicando a variação do teor de tório (Th) nos diferentes órgãos da planta em relação ao urânio acumulado (U) para as duas espécies de plantas cultivadas em estudo, *Eruca sativa* e *Lycopersicon esculentum.*

Species	Radionuclide	R^2	Equation
E. sativa	U in roots	0.39*	$U_{Root}=11.82+4.93Th_{Root}$*
	U in stems	0.23	$U_{Stem}=12.28+4.29Th_{Stem}$
	U in leaves	0.08	$U_{Leaves}=8.89+3.12Th_{Leaves}$
	Th in roots	0.39*	$Th_{Root}=0.15+0.08U_{Root}$*
	Th in stems	0.23	$Th_{Stem}=0.27+0.05U_{Stem}$
	Th in leaves	0.08	$Th_{Leaves}=0.379+03U_{Leaves}$
L. esculentum	U in roots	0.5**	$U_{Root}=10.19+7.1Th_{Root}$**
	U in stems	0.47*	$U_{Stem}=6.21+8.93Th_{Stem}$*
	U in leaves	0.62**	$U_{Leaves}=5.45+6.42Th_{Leaves}$**
	U in reproductive organs	0.86***	$U_{Rep.}=-0.68+18.69Th_{Rep.}$***
	Th in roots	0.5**	$Th_{Root}=0.2+0.07U_{Root}$**
	Th in stems	0.47*	$Th_{Stem}=0.33+0.05U_{Stem}$*
	Th in leaves	0.62**	$Th_{Leaves}=0.16+0.1U_{Leaves}$**
	Th in reproductive organs	0.86***	$Th_{Rep.}=-0.08+0.05U_{Rep.}$***

P<0,001; •• P<0,01 e • P<0,05.

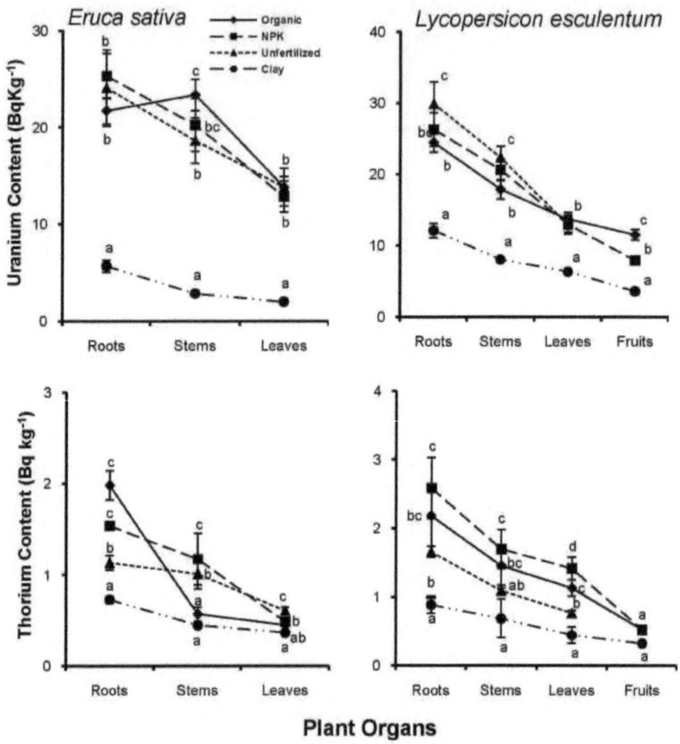

Figura 3.1. Concentração de urânio e tório (Bq Kg-1 de peso seco) em diferentes órgãos de plantas de *Eruca sativa* e *Lycopersicon esculentum* cultivadas em solo de areia preta com diferentes tratamentos de fertilização (orgânico e NPK) em comparação com solo não fertilizado e solo argiloso. A barra vertical em torno da média é o desvio padrão e letras diferentes indicam uma diferença significativa a P = 0,05.

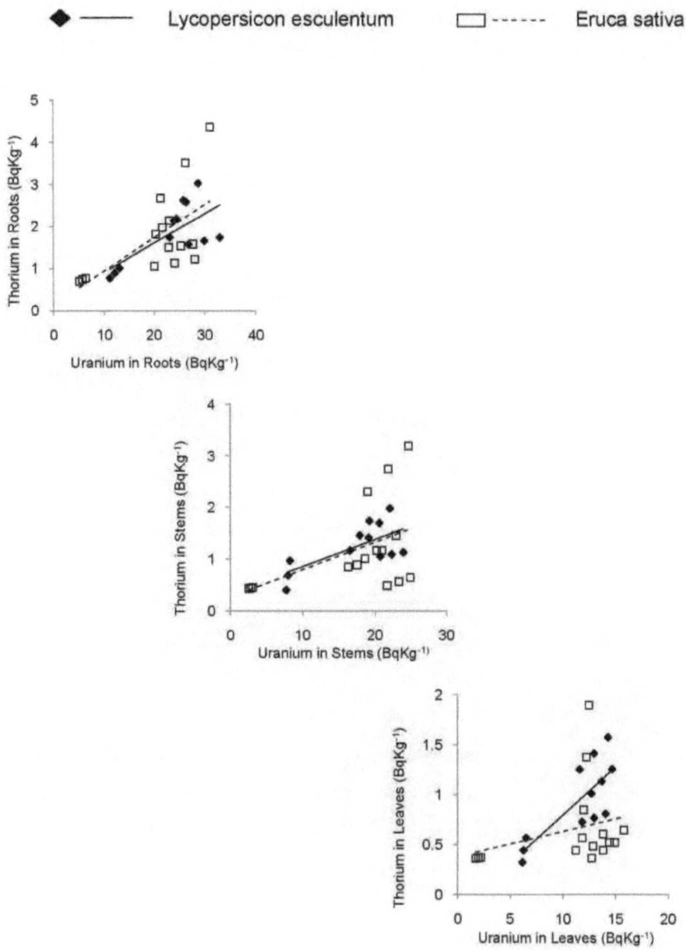

Figura 3.2. Relações entre os teores de urânio e tório nos órgãos das plantas das duas espécies em estudo: *Eruca sativa* e *Lycopersicon esculentum*.

Entretanto, a acumulação de tório nas raízes, caules e órgãos reprodutores estava positivamente correlacionada com o teor de urânio.

Crescimento das plantas

Taxa de crescimento relativo (TCR). A TCR atingiu o menor valor nas plantas das duas espécies cultivadas em solo de areia preta sem adubação durante os quatro intervalos de crescimento, enquanto o maior valor foi obtido nas plantas cultivadas em solo com adubo orgânico. Em *E. sativa* (Figura 3 . 3), a RGR das plantas cultivadas no solo argiloso apresentou o maior valor durante o intervalo de crescimento plântula-juvenil, enquanto os valores diminuíram quando cultivadas em solos com NPK e adubos orgânicos. Durante o intervalo de crescimento frutificação-senescência, o RGR atingiu valores altos em solos com fertilizantes orgânicos e NPK, com a diminuição de urânio na raiz e tório no caule em comparação com o solo não fertilizado e o solo argiloso. Quanto a *L. esculentum* (Figura 3.3), a RGR apresentou o maior valor nas plantas cultivadas com fertilizantes orgânicos durante a maioria dos intervalos de crescimento. Os valores de RGR aumentaram nas plantas fertilizadas organicamente, o que foi associado à diminuição do teor de urânio e tório nos órgãos da planta.

Taxa de assimilação líquida (TAL). Para *E. sativa*, a TAL das plantas cultivadas em solo de areia preta sem fertilizantes atingiu os valores mais baixos durante todos os intervalos de crescimento (Figura 3.3). O valor mais elevado de NAR foi observado nas plantas de *E. sativa* e *L. esculentum* cultivadas em solo argiloso (1,284 e 1,075 $mgcm^{-2}dia^{-1}$, respetivamente) durante o intervalo de crescimento plântula-juvenil, em que os teores de urânio e tório nas duas espécies atingiram os níveis mais baixos. O NAR de *E. sativa* e *L. esculentum* cultivadas em solo de areia preta com fertilizantes orgânicos e NPK apresentou valores mais altos do que em plantas não fertilizadas durante o intervalo de crescimento frutificação-senescência.

Índice de área foliar (LAI). Como se pode ver na Figura 3 . 4, o IAF das duas plantas testadas aumentou geralmente com o intervalo de idade e atingiu os valores mais baixos nas plantas cultivadas no solo de areia preta sem fertilização durante todos os intervalos de crescimento. O valor mais elevado de IAF foi detectado nas plantas cultivadas no solo argiloso durante todos os intervalos de crescimento de *E. sativa* e apenas durante os intervalos de crescimento plântula-juvenil e juvenil-floração de *L. esculentum*. Durante o intervalo de crescimento frutificação-senescência das duas espécies, o LAI aumentou com a fertilização orgânica e química das plantas cultivadas em solos de areia preta. O conteúdo foliar de tório em *L. esculentum* aumentou de 0,768 $BqKg^{-1}$ de peso seco nas plantas não fertilizadas para 1,131 $BqKg^{-1}$ de peso seco nas plantas fertilizadas organicamente, enquanto aumentou para 1,414 $BqKg^{-1}$ de peso seco nas plantas fertilizadas quimicamente.

Área foliar específica (SLA). A SLA demonstrou um padrão irregular de aumento e diminuição com o crescimento (Figura 3.4). Em *E. sativa*, a AFE atingiu os valores mais baixos nas plantas cultivadas em solos de areia preta com fertilizantes NPK durante todos os intervalos de crescimento, enquanto os valores mais altos foram observados nas plantas cultivadas em solos sem fertilizantes. Ao contrário de *E. sativa*, *L. esculentum* apresentou os menores valores de SLA nas plantas cultivadas em solo de areia preta não fertilizado, enquanto as plantas cultivadas em solos com NPK apresentaram os maiores valores de SLA durante todos os intervalos de crescimento. O SLA das plantas cultivadas em solos com fertilizantes orgânicos apresentou um nível intermediário.

Atributos vegetativos

A razão entre o peso da raiz e do rebento (R:S) para as duas plantas estudadas nas diferentes fases de crescimento foi quase inferior à unidade (Figura 3.5). A razão de peso R:S foi geralmente baixa nas plantas cultivadas no solo argiloso durante a maioria das fases de crescimento, onde o teor de urânio e tório apresentou o valor mais baixo nos diferentes órgãos da planta.

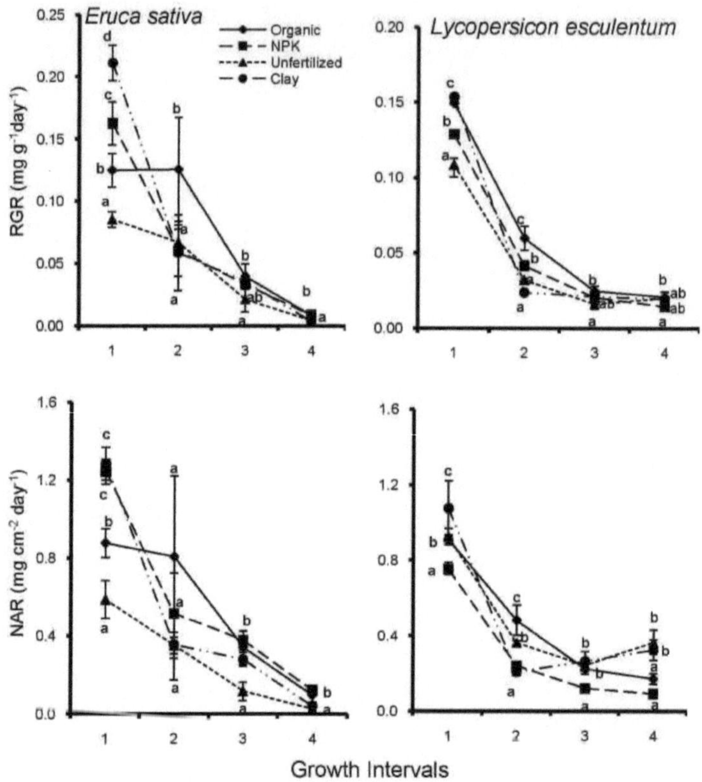

Figura 3.3. Taxa de crescimento relativo (RGR em mg g-1dia-1) e taxa de assimilação líquida (NAR em mg cm-2 dia-1) de *Eruca sativa* e *Lycopersicon esculentum* cultivadas em solo de areia preta com diferentes tratamentos de fertilização (orgânico e NPK) em comparação com solo não fertilizado e solo argiloso em diferentes intervalos de crescimento. 1 = Plântula-Juvenil, 2 = Juvenil-Floração, 3 = Floração-Frutificação, 4 = Frutificação-Senescência. A barra vertical em torno da média é o desvio padrão e letras diferentes indicam uma diferença significativa a P = 0,05.

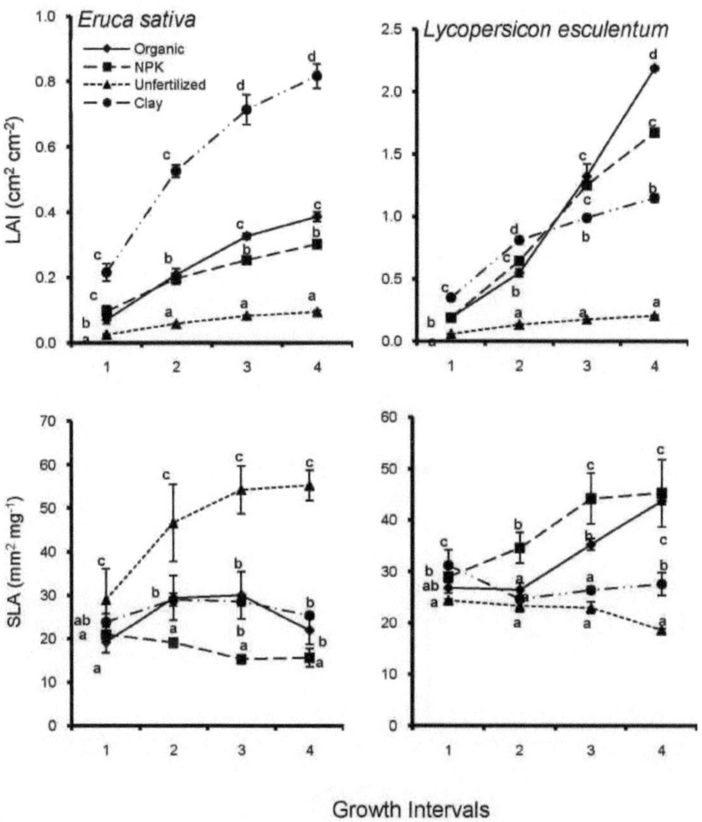

Figura 3.4. Índice de área foliar (LAI em cm2 cm-2) e área foliar específica (SLA em mm2mg-1) de *Eruca sativa* e *Lycopersicon esculentum* cultivadas em solo de areia preta com diferentes tratamentos de fertilização (orgânico & NPK) em comparação com solo não fertilizado e solo argiloso em diferentes intervalos de crescimento. 1 = Plântula-Juvenil, 2 = Juvenil-Floração, 3 = Floração-Frutificação, 4 = Frutificação-Senescência. A barra vertical em torno da média é o desvio padrão e letras diferentes indicam uma diferença significativa a P = 0,05.

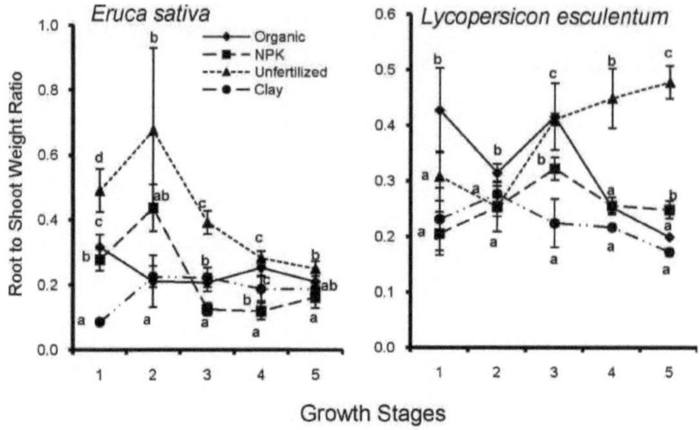

Figura 3.5. Relação entre o peso da raiz e do broto de *Eruca sativa* e *Lycopersicon esculentum* cultivados em solo de areia preta com diferentes tratamentos de fertilização (orgânico e NPK) em comparação com solo não fertilizado e solo argiloso em diferentes intervalos de crescimento. 1 = Estágio de plântula, 2 = Estágio juvenil, 3 = Estágio de floração, 4 = Estágio de frutificação e 5 = Estágio de senescência. A barra vertical em torno da média é o desvio padrão e letras diferentes indicam uma diferença significativa a P = 0,05.

Os valores mais elevados foram detectados em plantas cultivadas no solo de areia preta não fertilizado. Os valores da relação peso R:S nas plantas cultivadas em solo de areia preta fertilizado foram superiores aos das plantas de solo argiloso, mas inferiores aos das plantas não fertilizadas.

Afetação de recursos

A afetação da matéria seca entre os órgãos das plantas nas duas culturas de ensaio é apresentada na Figura 3.6. A afetação às folhas foi geralmente mais elevada do que aos outros órgãos da planta durante as fases de crescimento das duas espécies. Nas duas espécies de culturas em estudo, a proporção de massa seca atribuída à raiz e ao caule atingiu os valores mais elevados nas plantas cultivadas no solo de areia preta sem fertilização durante a maioria das fases de crescimento, mas atingiu os valores mais baixos nas plantas cultivadas no solo argiloso. A alocação de matéria seca para raiz e caule das plantas cultivadas no solo de areia preta com fertilizantes orgânicos foi geralmente maior do que nas plantas cultivadas com fertilizante NPK. No que diz respeito à alocação para folhas e inflorescências, os resultados mostraram que, em contraste com a raiz e o caule, a matéria seca alocada para as folhas das plantas cultivadas em solo de areia preta não fertilizado foi a mais baixa. A maior alocação de matéria seca para as folhas foi observada em plantas de *E. sativa* cultivadas em solo argiloso e *L. esculentum* cultivada em solo de areia preta fertilizado quimicamente.

Não foram desenvolvidas inflorescências nas plantas não fertilizadas de *L. esculentum* cultivadas nos solos de areia preta. A matéria seca mais elevada foi atribuída às inflorescências das plantas cultivadas no solo argiloso. A matéria atribuída às inflorescências das plantas fertilizadas organicamente foi maior do que a das plantas fertilizadas com NPK.

Atributos reprodutivos

Como mostra a Figura 3.7, os atributos reprodutivos das duas plantas cultivadas em teste atingiram, em geral, os valores mais elevados quando cultivadas em solo argiloso. Em *E. sativa*, o número médio de inflorescências, flores e frutos por indivíduo foi de 9,667, 6,00 e 35,00, respetivamente. Estes valores diminuíram significativamente nas plantas cultivadas no solo de areia preta com fertilizantes orgânicos e químicos. Com relação ao número de sementes por indivíduo e peso seco de 100 sementes, os maiores valores foram detectados nas plantas cultivadas em solo de areia preta sem fertilizantes.

Para *L. esculentum*, não houve formação de atributos reprodutivos nas plantas não fertilizadas cultivadas em solo de areia preta. Não houve diferença significativa no número de inflorescências e flores por indivíduo durante a maioria dos estágios de crescimento entre as plantas cultivadas no solo de areia preta com diferentes tratamentos de fertilização e aquelas cultivadas no solo argiloso. Mas, no que diz respeito ao número de frutos e sementes por indivíduo e ao peso seco de 100 sementes, a tendência dos resultados foi semelhante à das plantas de *E. sativa*.

Relação entre radionuclídeos e crescimento das plantas

A relação entre o teor de radionuclídeos nas plantas e os diferentes critérios de crescimento medidos das duas plantas cultivadas em estudo, como mostra a análise de regressão múltipla, deu valores de R^2 que mostram a variação em os diferentes atributos de crescimento das duas plantas cultivadas em estudo em relação ao teor de urânio e tório (Quadro 3.3 e Figuras 3.8 e 3.9). Como indicam os valores de R^2 e as equações, existe, em geral, uma correlação significativamente negativa entre o teor de urânio e de tório nas plantas e os atributos vegetativos e reprodutivos e a afetação de recursos das duas espécies em estudo. Em geral, o crescimento de *L. esculentum* foi muito mais negativamente afetado pelo teor de tório do que o de *E. sativa*.

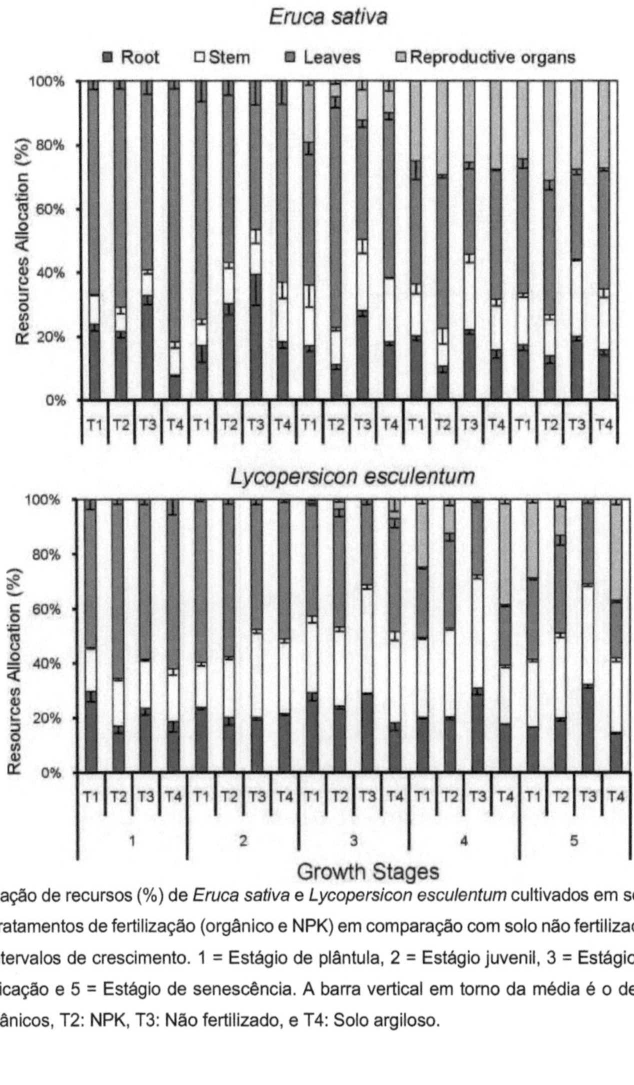

Figura 3.6. Alocação de recursos (%) de *Eruca sativa* e *Lycopersicon esculentum* cultivados em solo de areia preta com diferentes tratamentos de fertilização (orgânico e NPK) em comparação com solo não fertilizado e solo argiloso em diferentes intervalos de crescimento. 1 = Estágio de plântula, 2 = Estágio juvenil, 3 = Estágio de floração, 4 = Estágio de frutificação e 5 = Estágio de senescência. A barra vertical em torno da média é o desvio padrão. T1: Fertilizantes orgânicos, T2: NPK, T3: Não fertilizado, e T4: Solo argiloso.

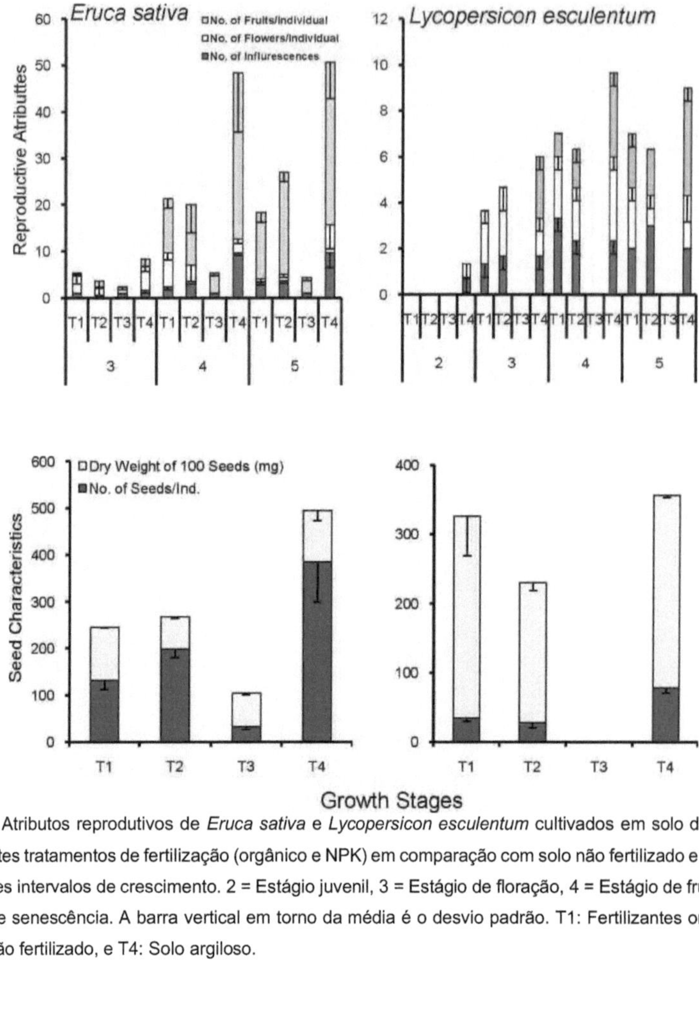

Figura 3.7. Atributos reprodutivos de *Eruca sativa* e *Lycopersicon esculentum* cultivados em solo de areia preta com diferentes tratamentos de fertilização (orgânico e NPK) em comparação com solo não fertilizado e solo argiloso em diferentes intervalos de crescimento. 2 = Estágio juvenil, 3 = Estágio de floração, 4 = Estágio de frutificação e 5 = Estágio de senescência. A barra vertical em torno da média é o desvio padrão. T1: Fertilizantes orgânicos, T2: NPK, T3: Não fertilizado, e T4: Solo argiloso.

Tabela 3.3. Regressões múltiplas dos dados que mostram valores de R^2 indicando a variação no crescimento das plantas com o teor de urânio e tório nos órgãos das plantas para as duas espécies de plantas cultivadas em estudo, *Eruca sativa* e *Lycopersicon esculentum.*

Species	Growth Criteria	R^2	Equation
E. sativa	RGR ($mgg^{-1}day^{-1}$)	0.10	RGR=0.02+0.001U-0.002Th
	NAR (mg cm-2 day^{-1})	0.29	NAR=0.28-0.003U+0.04Th
	LAI (cm^2 cm^{-2})	0.39	LAI=1.37+0.14U-0.25Th*
	SLA (mm^2 mg^{-1})	0.57**	SLA=30.97+0.35U*-4.23Th**
	Root to shoot weight ratio	0.87***	R/S ratio=0.17-0.001U+0.042Th***
	No. of inflorescences	0.58**	No. of inf.=2.79+0.02U-0.48Th**
	No. of flowers/individual	0.59**	No. of flowers/ind.=4.49+0.013U-0.66Th**
	No. of fruits/individual	0.73***	No. of fruits/ind.=4.35-0.04U**-0.26Th*
	Resources allocation to root (%)	0.71***	Resources allocation to root =14.67-0.04U+4.34Th***
	Resources allocation to stem (%)	0.81***	Resources allocation to stem =19.76-0.05U+8.39Th***
	Resources allocation to leaves (%)	0.44*	Resources allocation to leaves =21.76+1.51U*-8.82Th
L. esculentum	RGR ($mgg^{-1}day^{-1}$)	0.02	RGR=0.09+0.001U+0.004Th
	NAR (mg cm-2 day^{-1})	0.30	NAR=1.09-0.02U+0.11Th
	LAI (cm^2 cm^{-2})	0.69**	LAI=0.05-0.002U-0.48Th**
	SLA (mm^2 mg^{-1})	0.62*	SLA=40.19+0.51U-8.49Th**
	Root to shoot weight ratio	0.79***	R/S ratio=0.37+0.01U*-0.09Th***
	No. of inflorescences	0.71**	No. of inf.=3.47-0.03U-0.13Th
	No. of flowers/individual	0.69**	No. of flowers/ind.=11.99-0.19U**+0.63Th
	No. of fruits/individual	0.89***	No. of fruits/ind.=12.78-0.24U***+0.78Th
	Resources allocation to roots (%)	0.79***	Resources allocation to roots =25.01+0.73U**-11.99Th***
	Resources allocation to stems (%)	0.49*	Resources allocation to stems =28.71+0.2U-10.68Th*
	Resources allocation to leaves (%)	0.83***	Resources allocation to leaves =11.78-1.38U+51.54Th***
	Resources allocation to reproductive organs (%)	0.01	Resources allocation to reproductive organs =16.61-0.61U+10.1Th

PaQ.001; ** P<0.01 e * P<0.05.

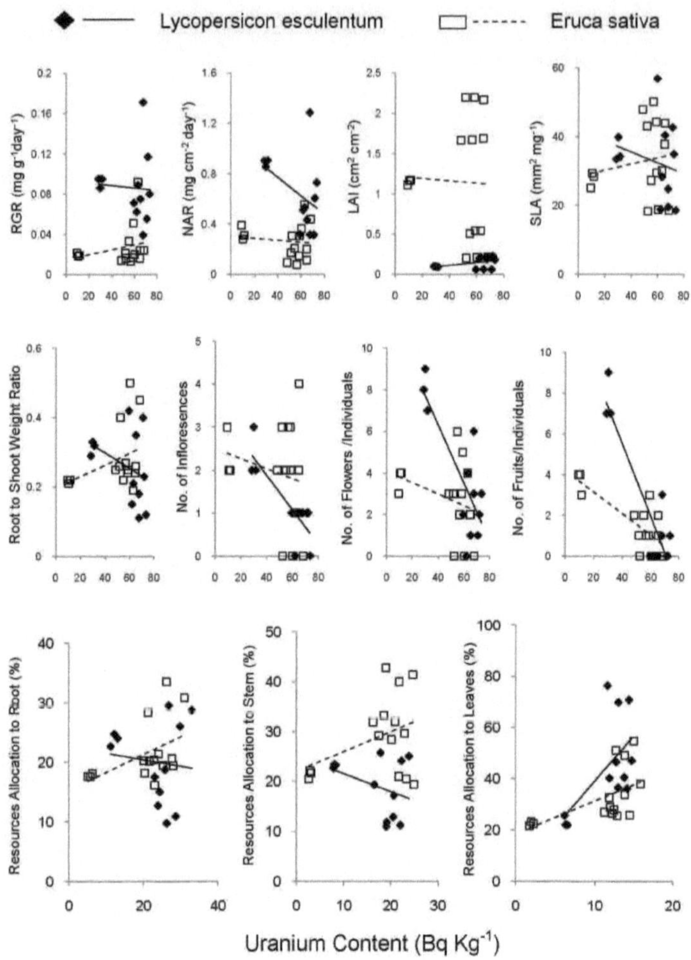

Figura 3.8. Relações entre o teor de urânio nos órgãos das plantas e o crescimento das duas espécies em estudo: *Eruca sativa* e *Lycopersicon esculentum*.

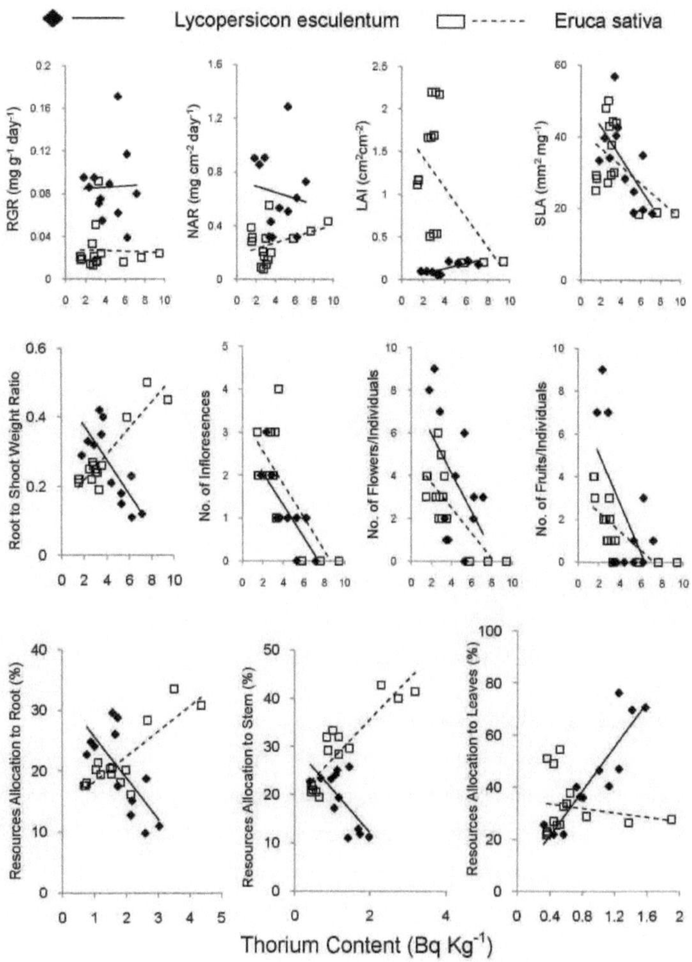

Figura 3.9. Relações entre o teor de tório nos órgãos das plantas e o crescimento das duas espécies em estudo: *Eruca sativa* e *Lycopersicon esculentum*.

DISCUSSÃO

O estudo da transferência de urânio e tório do solo para as plantas comestíveis através da absorção radicular é muito importante, especialmente tendo em conta a acumulação destes radionuclídeos nas cadeias alimentares. A compreensão da mobilidade nos solos e a sua transferência para diferentes plantas requer um conhecimento detalhado das interações do urânio e do tório com o solo composto por componentes abióticos e bióticos (Shtangeeva, 2010). As plantas absorvem radionuclídeos que têm um comportamento químico semelhante ao do nutriente essencial. Por conseguinte, os radionuclídeos são transportados para tecidos específicos com base na função do elemento no metabolismo da planta, o que se reflecte na sua maior concentração num determinado órgão da planta em comparação com outros (Al-Kharouf *et al.*, 2008). Os processos envolvidos na transferência de radionuclídeos dos solos para as plantas são afectados por uma série de factores. A intervenção para reduzir a ingestão humana de radionuclídeos através da cadeia alimentar pode ser efectuada a vários níveis. Tem sido geralmente sugerido que a aplicação de contramedidas baseadas na agricultura durante a produção de culturas alimentares é uma das formas mais eficazes de reduzir a dose de radiação para a população humana (Zhu e Shaw, 2000). Na prática, o ponto-chave para a agricultura é como regular a relação harmoniosa entre o solo e o ambiente e as culturas e tirar o melhor partido do potencial fisiológico das plantas (Murthy *et al.*, 1984; Gang *et al.*, 2007).

Teor de radionuclídeos no solo e nas plantas

A determinação do teor de urânio e tório em diferentes órgãos de *E. sativa* e *L. esculentum* revelou que o urânio e o tório foram acumulados em altas concentrações nas raízes das duas espécies, enquanto o menor teor dos dois elementos foi encontrado nas folhas e nos frutos. Este resultado está de acordo com o estudo de Murthy *et al.* (1984) sobre o efeito do urânio no crescimento da soja, que revelou que o urânio acumulado se localizava preferencialmente no sistema radicular, excedendo 10 vezes os valores acumulados no rebento. Foram relatados resultados semelhantes noutras publicações, em que as concentrações de urânio e tório nas raízes são muito mais elevadas do que nas folhas e sementes (*cf.* Shtangeeva, 2010). As raízes das plantas funcionam como uma barreira natural que impede o transporte de muitos metais vestigiais, incluindo radionuclídeos, para os outros órgãos da planta. Além disso, a taxa de translocação de radionuclídeos das raízes para os rebentos é provavelmente dependente da espécie. Como demonstrado por Shtangeeva (2010), a concentração de urânio nas raízes de diferentes plantas recolhidas no mesmo local era 30-50 vezes superior à sua concentração nos rebentos. O urânio forma complexos dissociáveis com determinados grupos activos na superfície celular. Os grupos complexos activos podem ser carboxilo, hidroxilo ou fosfato. A ligação a esses grupos na superfície das células das raízes, associada à incapacidade de penetrar na barreira da endoderme, poderia levar à acumulação de urânio atualmente observada no apoplasto das raízes (Murthy *et al.*, 1984). Este facto explica a concentração mais elevada nas raízes do que nos rebentos das plantas.

Nos frutos de *L. esculentum*, os teores de urânio e tório foram significativamente inferiores aos seus níveis nas folhas. Do mesmo modo, Soudek *et al.* (2007) verificaram que a absorção média de Ra^{226} pelas flores e sementes das plantas testadas era inferior à das folhas. Além disso, Hakonson-Hayes *et al.* (2002) mencionaram que as partes não comestíveis (raízes, caules e folhas) tendem a acumular mais radionuclídeos do que os frutos da mesma espécie vegetal. O estudo da relação entre os teores de urânio e tório nos tecidos das plantas revelou uma forte relação entre a absorção de tório e o urânio absorvido nos diferentes órgãos de *L. esculentum*, enquanto em *E. sativa* esta correlação não foi clara. Isto indica que a relação entre os teores de urânio e de tório na planta depende da espécie e dos órgãos da planta.

Teor de radionuclídeos e aplicação de fertilizantes

A aplicação de fertilizantes orgânicos e químicos (NPK) no solo de areia preta onde as duas plantas estudadas foram cultivadas diminuiu o teor de urânio nas raízes de *E. sativa* e nas raízes e caules de *L. esculentum* em comparação com o solo não fertilizado. Por outro lado, o teor de tório nas raízes e caules das duas espécies aumentou com a aplicação de fertilizantes orgânicos e químicos no solo. Os resultados do presente estudo revelaram que os teores de urânio e tório nas folhas das duas plantas cultivadas em estudo e nos frutos de *L. esculentum* não se alteraram significativamente com a aplicação de fertilizantes. Isso está de acordo com Mortvedt (1994), que não encontrou diferenças entre a concentração de urânio em grãos e folhas de plantas cultivadas em solo fertilizado com superfosfato e não fertilizado. A mesma tendência de resultados foi observada no estudo de Lauria *et al.* (2009), que indicou uma maior concentração de urânio no feijão cultivado convencionalmente do que no feijão cultivado organicamente. Rufyikiri *et al.* (2006) também encontraram uma diminuição da concentração de urânio nas plantas com o aumento do teor de fósforo no solo. Este comportamento do urânio foi atribuído à sua adsorção no ião fosfato ligado aos óxidos de Fe do solo ou à precipitação do urânio ao reagir com o fosfato e formar precipitados de fosfato de uranilo. O fósforo ocorre na solução do solo como ião fosfato de carga negativa $H2PO4^-$ em solos ácidos ou HPO4 em solos alcalinos. Estes aniões reagem prontamente com compostos do solo e metais pesados com carga positiva (Rufyikiri *et al.*, 2006). O fosfato reage com o urânio para formar fosfatos de uranilo pouco solúveis ou produtos de precipitação como a autunite, que é estável numa vasta gama de condições geoquímicas.

Günther *et al.* (2003) utilizaram investigações espectroscópicas e microscópicas sobre a especiação de urânio em plantas e mostraram que o urânio estava predominantemente ligado como complexos de fosfato de urânio em diferentes órgãos da planta. Pelo menos 50% do urânio total nas folhas de *Coproma australis* estava ligado a proteínas da parede celular, enquanto o mineral se precipitava nas pontas das raízes das plantas (Rufyikiri *et al.*, 2006). Assim, o aumento do teor de fósforo no solo de areia preta devido à aplicação de fertilizantes NPK parece afetar negativamente a absorção de urânio pelas plantas. No que respeita ao solo de areia preta fertilizado organicamente, foi reconhecida a elevada afinidade do urânio pela matéria orgânica, embora a eficácia dos complexos metálicos orgânicos solúveis na absorção pelas plantas ainda não seja clara. A matéria orgânica pode estar associada a níveis mais elevados de ácidos húmicos solúveis que podem formar complexos de urânio e torná-lo indisponível para a absorção pelas plantas (Lauria *et al.*, 2009).

Crescimento das plantas

O estudo do crescimento das plantas revelou que o RGR e o NAR das duas culturas estudadas diminuíram geralmente com a idade da planta. Isto está de acordo com o RGR lento que foi observado por Hegazy e Ismail (1992) como resultado da diminuição do LAR específico da idade e do NAR lento que reflectem a diminuição da quantidade de produção de folhas com a idade, resultando num crescimento mais lento. Como indicado a partir da medição de diferentes atributos de crescimento, RGR, LAI e SLA das duas plantas de estudo são geralmente aumentados com a aplicação de fertilizantes orgânicos e químicos no solo de areia preta, onde o teor de urânio e tório na planta diminuiu em comparação com o solo não fertilizado. Diferentes atributos de crescimento mostraram principalmente os valores mais altos durante o intervalo de crescimento entre a plântula e o juvenil nas plantas cultivadas em solo argiloso em comparação com as plantas cultivadas em solo de areia preta. Não foi observada uma relação clara entre o NAR das espécies em estudo e a aplicação de fertilizantes no teor de radionuclídeos das plantas. No estudo do efeito tóxico de alguns metais pesados no crescimento de *Chromolaena oderata* efectuado por Tanhan *et al.* (2007), observou-se uma diminuição da RGR com o aumento da concentração de metais na planta. O aumento da RGR, LAI e SLA com a fertilização do solo e, por sua vez, a diminuição dos teores de urânio e tório nas plantas podem ser explicados pelo aumento da matéria seca atribuída ao caule e às folhas. Do mesmo modo, Sayed e Hegazy (1994) verificaram que o padrão de incremento do RGR seguia o da matéria seca afetada às partes vegetativas das plantas.

A afetação de recursos às folhas foi geralmente mais elevada do que à raiz e ao caule das duas plantas cultivadas em estudo. A matéria seca atribuída às raízes e caules diminuiu com a diminuição do teor de urânio das plantas cultivadas em solo de areia preta, que ocorreu com a aplicação de fertilizantes no solo. O oposto foi verdadeiro para a alocação de matéria seca às folhas, que foi maior nas folhas das plantas fertilizadas orgânica e quimicamente do que nas plantas não fertilizadas. De um modo geral, a biomassa total diminuiu com o aumento do teor de urânio nos caules e nas raízes, ou seja, a biomassa total aumentou geralmente com a aplicação de fertilizantes. Esta constatação está de acordo com os resultados de Rufyikiri *et al.* (2006), que indicaram que o aumento da concentração de fósforo no solo resultava num aumento da matéria seca dos rebentos. Os efeitos do fósforo foram mais pronunciados para os rebentos do que para as raízes (Rufyikiri *et al.*, 2006), o que pode explicar a diminuição da biomassa da raiz em plantas fertilizadas quando comparadas com as plantas não fertilizadas. Também o estudo de Sheppard *et al.* (2005) revelou que houve uma diminuição da biomassa total com o aumento da concentração de urânio em comparação com o tratamento de controlo. Da mesma forma, Meyer e McLendon (1997) mencionaram que a biomassa acima do solo foi afetada pelo nível mais elevado de urânio e todas as espécies estudadas demonstraram uma diminuição na produção de biomassa à medida que o teor de urânio da planta aumentava. O estudo de Gulati *et al.* (1980) sobre a assimilação do urânio pelas culturas do trigo e do tomate revelou que o rendimento do trigo aumentava com o aumento do urânio até um determinado nível e depois diminuía com o aumento da concentração de urânio. A redução da matéria seca atribuída às folhas com elevado teor de radionuclídeos nas plantas pode ser explicada pelo facto de o urânio formar complexos dissociáveis com determinados grupos activos na superfície celular (Murthy *et al.*, 1984). Os grupos activos complexantes podem ser carboxilo, hidroxilo ou fosfato. A precipitação e a complexação do urânio causam disfunções nos tecidos do xilema e do floema das raízes. A translocação para os órgãos acima do solo, especialmente o caule e as folhas, pode ser reduzida devido à disfunção do xilema e do floema. Esta pode ter sido a principal causa da diminuição da proporção de matéria seca atribuída às folhas das plantas.

Atributos vegetativos e reprodutivos

Verificou-se que a razão entre o peso da raiz e do rebento diminuiu com a fertilização do solo de areia preta e com a diminuição do teor de urânio e de tório nas plantas. Isto pode ser explicado pelo aumento da percentagem de matéria seca atribuída à raiz em detrimento do caule e das folhas. Como indicado por Archambault e Winterhalder (1994), os índices de tolerância calculados a partir dos dados de crescimento das raízes mostraram que as plantas crescem melhor na presença de metais do que no tratamento de controlo. Assim, as plantas podem ter respondido de forma compensatória, aumentando a relação raiz/parte aérea, e maximizando a ingestão de nutrientes mais pela redução do crescimento da parte aérea do que pelo aumento da capacidade de absorção da raiz (Nilsson *et al.* 1993).

O estudo dos atributos reprodutivos em relação aos teores de urânio e tório nas plantas afectadas pela aplicação de fertilizantes revelou que os atributos reprodutivos, especialmente o número de sementes e o peso seco das sementes, aumentaram significativamente com a fertilização do solo e diminuíram na ausência de fertilizantes. Isso foi associado ao aumento no conteúdo de urânio e tório das plantas. Murthy *et al.* (1984) demonstraram a redução do conteúdo de clorofila nas folhas devido ao urânio absorvido pelas plantas de soja. A redução do teor de clorofila pode afetar a taxa fotossintética líquida da planta, o que, por sua vez, afecta a oportunidade reprodutiva e, consequentemente, a supressão dos órgãos reprodutivos foi demonstrada por plantas com elevado teor de radionuclídeos. O aumento dos órgãos reprodutivos pela aplicação de fertilizantes no solo de areia preta pode ser explicado pelo aumento da alocação de matéria seca ao sistema de rebentos nas plantas fertilizadas, o que, por sua vez, afecta a proporção de matéria seca alocada aos componentes reprodutivos e a formação de mais flores, frutos e sementes.

Conclusões

O estudo do teor de urânio e tório em *E. sativa* e *L. esculentum*, cultivadas em solo de areia preta, revelou a sua capacidade de acumular urânio e tório em diferentes órgãos da planta. A acumulação de urânio e tório nas raízes foi mais elevada do que nos outros órgãos da planta. A relação positiva entre o teor de urânio e de tório dependia da espécie vegetal e do órgão vegetal. Embora a aplicação de fertilizantes no solo de areia preta tenha reduzido a disponibilidade de urânio no solo, o urânio absorvido pela planta foi muito mais elevado do que o tório absorvido. A relação entre o teor de radionuclídeos da planta e o seu crescimento revelou uma relação negativa entre os teores de urânio e de tório nos órgãos da planta e o crescimento da planta. Os diferentes atributos de crescimento, a biomassa total da planta e alguns atributos reprodutivos foram reduzidos com o aumento do teor de urânio e tório na planta. A fertilização orgânica e química aumentou o crescimento das plantas e a produção de biomassa, enquanto que, inversamente, a transferência de urânio do solo para a planta diminuiu. Pode concluir-se que a aplicação de fertilizantes pode representar um método prático *in situ* para reduzir os riscos de exposição do biota à contaminação por radionuclídeos e pode ser considerada em estratégias de fitoestabilização para solos ricos em urânio e áreas contaminadas com urânio.

A aplicação de fertilizantes orgânicos ou químicos nos solos cultivados de areia preta pode formar grupos complexos de radionuclídeos indisponíveis para a absorção pelas plantas e a translocação para diferentes órgãos. É possível gerir a acumulação de radionuclídeos nas partes comestíveis das plantas através do controlo dos tratamentos de fertilização das culturas cultivadas nos terrenos agrícolas de areia preta.

Referências

Al-Kharouf, S.J.; Al-Hamarneh, I.F. e Dababneh, M. (2008). Radioatividade natural, avaliação da dose e absorção de urânio por culturas agrícolas em Khan Al-Zabeeb, Jordânia. Journal of Environmental Radioactivity, **99**: 1192-1199.

Al-Masri, M.S.; Al-Akel, B.; Nashawani, A.; Amin, Y.; Khalifa, K.H. e Al-Ain F. (2008). Transferência de ^{40}K, ^{238}U, ^{210}Pb, e ^{210}Po do solo para a planta em vários locais no sul da Síria. Journal of Environmental Radioactivity, **99**: 322-331.

Archambault, D.J. e Winterhalder, K. (1994). Metal tolerance in *Agrostisscabra* from the Sudbury, Ontario, area. Canadian Journal of Botany **73**: 766-775.

Bolca, M.; Sagb, M.M.; £okuysala, B.; Karalib, T. e Ekdalb, E. (2007). Radioatividade em solos e vários géneros alimentícios da bacia do rio Gediz, na Turquia. Radiation Measurements, **42**: 263 - 270.

El-Gamal, A.; Rashad, M. e Ghatass Z. (2010). Respostas radiológicas de diferentes tipos de sedimentos costeiros do Mediterrâneo egípcio. Radiation Physics and Chemistry, **79**: 831-838.

El-Hadry, A.F.A. (1988). Geologic and radiometric investigations on Abu Khashaba deposit, East Rosetta, Egypt. Tese de Mestrado, Faculdade de Ciências, Universidade do Cairo, 184 p.

Evans, G.C. (1972). A análise quantitativa do crescimento das plantas. Studies In Ecology. Blackwell Scientific Publications, Oxford, 734 p.

Gang, W.; Zhen-Kuan, W.; Yong-Xiang, W.; Li-Ye, C. e Hong-Bo, S. (2007). As respostas mútuas das plantas superiores ao ambiente: Aspectos fisiológicos e microbiológicos. Colloid. Surface. B, **59**:

113119.

Gulati, K.L.; Oswal, M.C. e Nagpaul, K.K. (1980). Assimilação de urânio por plantas de trigo e tomate. Plant and Soil, **55**: 55-59.

Günther, A.; Bernhard, G.; Geipel, G.; Reich, T.; Rossberg, A. e Nitsche, H. (2003). Especiação de urânio em plantas. Radiochimica Ata, **91**: 319-328.

Hakonson-Hayes, A.C.; Frsquez, P.R. e Whicker, F.W. (2002). Assessing potential risks from exposure to natural uranium in well water. Environmental radioactivity, **59**: 29-40.

Hassan, A.A.H. (1993). Exploração magnética e espectrométrica dos depósitos de areia preta no distrito de Abu Khashaba, área de Rosetta, Egito. Tese de Mestrado, Universidade do Cairo. Capítulo, 76 p.

Hegazy, A.K. e Ismail, S.M. (1992). Autecologia do *Rumex cyprius* monocárpico do deserto influenciada pelo tratamento da água. Ata Oecologica, **13**: 193-202.

Hegazy, A.K. e Emam, M.H. (2011). Acumulação e transferência de radionuclídeos do solo para a planta nos habitats de areia preta costeira do delta do Nilo. Revista Internacional de Fitorremediação, **13**:140-155.

Hegazy, A.K.; Emam, M.H.; Alatar, A.A. (2011). Crescimento e atributos reprodutivos de fitorremediadores de radionuclídeos nas areias negras costeiras do Mediterrâneo. Revista Africana de Biotecnologia, **10** (74): 16781-16792.

Hunt, R. (1981). Análise do crescimento das plantas. Studies In Biology. Edward Arnold Press. London.

Jibiri, N.N.; Farai, .IP. e Alausa, S.K. (2007). Estimativa da dose efectiva anual devida a elementos radioactivos naturais na ingestão de alimentos na área mineira de estanho de Jos-Plateau, Nigéria. Jornal de Radioatividade Ambiental, **94**: 31-40.

Lauria, D.C.; Ribeiro, F.C.A.; Conti, C.C. e Loureiro, F.A. (2009). Teores de rádio e urânio em hortaliças cultivadas em diferentes sistemas de manejo agrícola. Journal of Environmental Radioactivity, **100**: 176-183.

Marczenko, Z. (1986). Spectrophotometric determination of elements. Harwood, New York, U.S.A. 708 p.

Meyer, M.C. e McLendon, T. (1997). Fitotoxicidade do urânio empobrecido em três caraterísticas de gramíneas de diferentes estágios sucessionais. Journal of Environmental Quality, **26:** 748-752.

Mortvedt, J.J. (1994). Relações entre plantas e solos de radionuclídeos da série de decaimento do urânio e do tório. A review. Journal of Environmental Quality, **23**: 643-650.

Murthy, T.C.S.; Weinberger, P. e Measure M.P. (1984). Uranium effects on the growth of soybean (*Glycine max* (L.) Merr.). Boletim de Toxicologia de Contaminação Ambiental, **32**: 580-586.

Nilsson, M.C.; Hogberg, P.; Zackrisson, O. e Fengyou, W. (1993).

Efeitos alelopáticos de *Empetrum hermaphroditum* no desenvolvimento e na absorção de azoto pelas raízes e micorrizas de *Pinussilvestris*. Canadian Journal of Botany, **71**: 620-628.

Pulhani, V.A.; Dafauti, S.; Hegde, A.G.; Sharma, R.M. e Mishra, U.C. (2005). Absorção e distribuição de radioatividade natural em plantas de trigo a partir do solo. Journal of Environmental Radioactivity, **79**: 331-346.

Rufyikiri, G.; Wannijn, J.; Wang, L. e Thiry, Y. (2006). Efeitos da fertilização com fósforo na disponibilidade e absorção de urânio e nutrientes por plantas cultivadas em solo derivado de detritos de mineração de urânio. Environmental Pollution, **141**: 420-427.

Sayed, O.H. e Hegazy, A.K. (1994). Alocação de fitomassa específica do crescimento em *Mesembryanthemum nodiflorum* como influenciada pela indução CAM no campo. Journal of Arid Environment, **27**: 325 -329.

Sheppard, S.C.; Sheppard, M.I.; Gallerand, M.O. e Sanipelli, B. (2005). Derivação do limiar de ecotoxicidade para o urânio. Journal of Environmental Radioactivity, **79**: 55-83.

Shtangeeva, I. (2010). Absorção de urânio e tório por plantas nativas e cultivadas. Journal of Environmental Radioactivity, **101**: 458-463.

Soliman, M.S.A.; Hegazy, A.K.; Goda, S.K.; Emam, M.H. e Al-Atar, A.A. (2011). Citotoxicidade e efeitos mutagénicos dos radionuclídeos do solo em algumas espécies de plantas da areia preta. Jornal de Ecologia Mediterrânica, **11**: 520.

Soudek, P.; Petrová, S.; Benesová, D.; Tykva, R.; Vankova, R. e Vanek, T. (2007). Comparação do nuclídeo ^{226}Ra do solo por três espécies lenhosas *Betulape ndula*, *Sambucus nigra* e *Alnus glutinosa* durante o período de vegetação. Journal of Environmental Radioactivity, **97**: 76-82.

Tamponnet, C.; Martin-Garin, A.; Gonze, M.A.; Parekh, N.; Vallejo, R.; Sauras-Year, T.; Casadesus, J.; Plassard, C.; Staunton, S.; Norden, M. e Avila R, Shaw G. (2008). An overview of BORIS: Bioavailability of Radionuclides in Soils. Journal of Environmental Radioactivity, **99**: 820-830.

Tanhan, P.; Kruatrachue, M.; Pokethitiyook, P. e Chaiyarat, R. (2007). Absorção e acumulação de cádmio, chumbo e zinco pela erva daninha do Sião [*Chromolaena odorata* (L.) King & Robinson]. Chemosphere, **68**: 323-329.

Zhu, Y.G. e Shaw, G. (2000). Contaminação do solo com radionuclídeos e potencial de remediação. Chemosphere, **4**: 121-128.

4. ABSORÇÃO DE RADIONUCLÍDEOS E RELAÇÃO COM AS CARACTERÍSTICAS GEOQUÍMICAS DO SOLO

Resumo. O ponto-chave da agricultura de plantas cultivadas é como regular a relação harmoniosa entre o solo e o ambiente das plantas. O presente estudo aborda a absorção de radionuclídeos por duas espécies de plantas cultivadas e duas espécies de árvores de fruto e a sua relação com as caraterísticas geoquímicas do solo. O teor de urânio e tório foi determinado na areia preta costeira e nos solos cultivados do interior. Neste estudo, foram utilizadas as quatro espécies vulgarmente cultivadas: *Eruca sativa, Lycopersicon esculentum, Psidium guajava* e *Mangifera indica*. Foram estimadas as propriedades físicas e químicas do solo e analisada a sua relação com a absorção de urânio e tório pelas plantas. Os resultados revelaram a capacidade das quatro espécies estudadas para acumular uma quantidade considerável de urânio e tório nas suas porções comestíveis. O urânio e o tório absorvidos foram positivamente correlacionados com os radionuclídeos e o teor de areia grossa do solo. Foi encontrada uma correlação negativa entre a absorção de urânio e tório e o pH, o teor de argila, silte e matéria orgânica do solo. O estudo demonstrou uma relação linear entre o teor de radionuclídeos nas plantas e a sua concentração no solo, afetada pelas caraterísticas geoquímicas do solo. A transferência de radionuclídeos do solo para a planta é um processo complexo que pode ser regulado através do controlo das caraterísticas geoquímicas do solo, incluindo o pH, o teor de argila, silte e matéria orgânica do solo, que reduzem a biodisponibilidade dos radionuclídeos do solo para as plantas e, por sua vez, reduzem os riscos de exposição da biota e do homem à contaminação por radionuclídeos.

Introdução

Os oligoelementos são essenciais para todos os organismos vivos quando presentes como elementos vestigiais. No entanto, a concentração excessiva de quaisquer oligoelementos no ambiente pode causar efeitos tóxicos graves nas plantas, animais e seres humanos expostos (Poli *et al.*, 2009). As evidências mostram que a deposição de elementos radiotóxicos como I, Cs, Th, U, Sr, K em órgãos críticos e fluidos corporais, mesmo em níveis vestigiais, é suscetível de causar distúrbios fisiológicos de várias formas (Akhter *et al.*, 2003).

Os radionuclídeos naturais que entram na cadeia alimentar são maioritariamente derivados do solo, em resultado da concentração de radionuclídeos no solo e das suas caraterísticas (Jibiri *et al.*, 2007; Hegazy e Emam, 2011). A absorção pelas plantas também varia de espécie para espécie; por conseguinte, a ingestão de diferentes produtos alimentares constitui uma fonte secundária de variabilidade (Jibiri *et al.*, 2007). A compreensão da mobilidade do urânio e do tório nos solos e a sua transferência para diferentes plantas requer o conhecimento das interações do urânio e do tório com os componentes abióticos e bióticos do solo (Shtangeeva, 2010). A composição da solução do solo é afetada por diferentes factores, como as propriedades do solo, por exemplo, pH, matéria orgânica e teor de argila, e atividade microbiana no solo. As alterações nas propriedades físico-químicas do solo e os processos biológicos são susceptíveis de afetar a quantidade de radionuclídeos na solução do solo que está disponível para absorção pelas raízes (Tamponnet *et al.*, 2008, Hegazy e Emam, 2011). Na prática, o ponto-chave para a agricultura é como regular a relação harmoniosa entre o solo e o ambiente e as culturas e tirar o melhor partido do potencial fisiológico das culturas (Gang *et al.*, 2007). Em amostras ambientais com uma concentração nociva de urânio e tório, a determinação de radionuclídeos é importante do ponto de vista da proteção contra as radiações (Hou e Roos, 2008). A imobilidade de alguns elementos radioactivos nas camadas superiores do solo representa um problema para o ambiente e a saúde humana, uma vez que podem ser facilmente integrados na cadeia alimentar. Em consequência, pode ocorrer um risco para os ecossistemas costeiros, os agro-sistemas e a saúde (Gavrilescu *et al.*, 2009). A avaliação do impacto causado por um determinado contaminante no ecossistema inclui geralmente a estimativa da concentração de radionuclídeos absorvidos pelas plantas a partir do solo (Blanco Rodriguez, 2002).

As espécies de plantas cultivadas em solos mediterrânicos de areia preta ricos em radionuclídeos podem absorver minerais radioactivos e acumulá-los nas suas partes comestíveis. A absorção de radionuclídeos depende das espécies vegetais e das concentrações no solo. A disponibilidade de radionuclídeos no solo é afetada pelas propriedades do solo. O presente estudo foi efectuado para determinar a absorção de radionuclídeos pelas duas plantas cultivadas Rúcula (*Eruca sativa* Mill.) e Tomate (*Lycopersicon esculentum* L.) e pelas duas árvores de fruto Goiaba (*Psidium guajava* L.) e Manga *(Mangifera indica* L.), que são habitualmente cultivadas na areia negra costeira e no delta do rio Nilo. São consideradas as caraterísticas geoquímicas do solo e a sua relação com a absorção de radionuclídeos pelas espécies vegetais em estudo.

Material e métodos

1.1. Caraterísticas geoquímicas do solo

As amostras de solo foram recolhidas na areia preta costeira e em terrenos agrícolas do interior. As amostras foram colhidas à profundidade de 0-30 cm. Foram colhidas aleatoriamente cinco amostras de cada local e agrupadas numa amostra composta. As amostras de solo foram recolhidas em sacos de papel e transportadas para o laboratório, secas ao ar e peneiradas num crivo de 2 mm antes de serem analisadas. Para a análise da textura do solo, as fracções grosseiras foram estimadas pelo método da pipeta (Miller e Miller, 1987). A matéria orgânica foi determinada pelo método de perda por ignição (Allen *et al.*, 1974). A percentagem de CaCO3 foi estimada por titulação com HCL 1N (Jackson, 1962). Foram preparados extractos solo/água 1:5 e utilizados para a determinação dos sais totais dissolvidos, da reação do solo (pH), dos bicarbonatos (HCO_3^-), dos cloretos (Cl^-) e dos sulfatos (SO_4^{--}). Os sais totais dissolvidos foram medidos por um medidor de condutividade (Modelo-DAI Lamotte Chemicale). A reação do solo foi determinada por um medidor de PH com elétrodo de vidro (Modelo 206 Lutron Corporation). Os bicarbonatos foram estimados por titulação com HCl 0,1 N usando alaranjado de metilo como indicador (Jackson, 1962). A determinação dos cloretos foi efectuada por titulação contra nitrato de prata, utilizando o indicador cromato de potássio (Hazen, 1989).

Os sulfatos foram determinados turbidimetricamente como sulfato de bário a 470 nm (Balbir *et al.*, 1977).

Para a determinação de oligoelementos e óxidos maiores, as amostras de solo recolhidas foram preparadas para análise através da trituração de cerca de 2 kg de cada amostra com um triturador de maxilas de laboratório em grânulos do tamanho de ervilhas, seguida de trituração com um moinho de mistura. As amostras de solo pulverizadas foram então utilizadas para as análises subsequentes. Os principais óxidos SiO2, Al2O3, TiO2 e P2O5 foram medidos espectrofotometricamente. O teor de Na e K foi determinado por técnicas fotométricas de chama. Fe2O3, MgO e CaO foram determinados pelo método de titulação (Shapiro e Brannock, 1962). Os oligoelementos foram determinados por análise de fluorescência de raios X (XRF) utilizando a unidade Phillips Unique II com trocador automático de amostras PW1510 (30 posições).

1.2. Determinação do teor de radionuclídeos

O solo e as partes comestíveis das plantas cultivadas e das árvores de fruto em estudo foram colhidos na areia negra costeira e em locais cultivados no interior. As concentrações de urânio e tório no solo foram medidas por técnica espectrofotométrica (Marczenko, 1986) e nas porções comestíveis das espécies vegetais em estudo foram medidas utilizando o espetrómetro de massa de plasma indutivamente acoplado de alta resolução (técnica ICP-MS) modelo Jeol-JMS-PLASMAX2, no Laboratório Central de Análise Elementar e Isotópica, Centro de Investigação Nuclear, Autoridade de Energia Atómica, Egito. As concentrações medidas de urânio e tório nas amostras de solo e plantas foram obtidas em ppm e convertidas para a unidade Bq Kg^{-1} de peso seco, multiplicando o valor do urânio por 12,34 e o valor do tório por 4,04.

1.3. Análise estatística

Os dados foram analisados por ANOVA (SPSS 15 for Windows) para testar a significância das diferenças entre espécies e locais. A relação entre as caraterísticas do solo e a absorção de radionuclídeos de urânio e tório foi analisada pelo coeficiente de correlação de Pearson.

Resultados

1.1. Caraterísticas geoquímicas do solo

As propriedades físicas e químicas das amostras de solo estão resumidas na Tabela 4.1. A percentagem de areia grossa atingiu o valor mais elevado no solo de areia preta costeira em comparação com o solo argiloso do interior. A percentagem de areia fina foi geralmente mais elevada no solo do interior do que no solo de areia preta costeira. Em contraste com a areia grossa, os teores de silte e argila atingiram os valores mais baixos na areia preta costeira e os valores mais elevados no solo argiloso do interior. No que diz respeito às propriedades químicas do solo, a reação foi ligeiramente alcalina, com o pH a variar entre 7,27 e 7,41 na areia preta e 7,67 e 7,74 no solo argiloso do interior (Quadro 4.1). A condutividade eléctrica foi mais elevada no solo do interior do que na areia preta costeira, como indicado pela percentagem de iões Cl^- e SO_4^-. Do mesmo modo, os teores de carbonatos e de matéria orgânica apresentaram os valores máximos no solo interior e os valores mínimos no solo de areia preta costeira. Por exemplo, a areia preta costeira em que *E. sativa* foi cultivada continha 3,47 e 0,24 g% de carbonatos e matéria orgânica, respetivamente. Também o solo argiloso do interior que suporta esta espécie continha valores significativamente mais elevados de carbonatos e de matéria orgânica, com 7,11 e 3,66 g%, respetivamente.

Os oligoelementos na areia preta costeira e no solo argiloso do interior são apresentados no Quadro 4.2. O bário (Ba), o zircónio (Zr) e o ítrio (Y) foram os oligoelementos mais detectados na areia negra costeira. A concentração de oligoelementos foi geralmente mais elevada na areia negra costeira do que no solo interior, com exceção do teor de zinco (Zn), rubídio (Rb) e vanádio (V), que foram detectados no solo interior com concentrações mais elevadas do que no solo de areia negra costeira. O chumbo (Pb) não foi detectado nos dois tipos de solo. Como se pode ver no Quadro 4.3, o óxido de silício (SiO_2) foi o principal constituinte dos óxidos em ambos os tipos de solo. Os óxidos mais detectados a seguir ao SiO2 foram o óxido de ferro (Fe_2O_3), o CaO e o óxido de alumínio (Al_2O_3). O óxido de titânio (TiO_2) foi relativamente mais elevado na areia preta costeira do que no solo do interior. O óxido de potássio (K_2O) e o óxido de fósforo (P_2O_5) foram os óxidos menos detectados nos solos costeiros e interiores.

1.2 Teor de radionuclídeos e fator de transferência

As concentrações de urânio e tório no solo estudado estão resumidas na Tabela 4.4. As concentrações de urânio e de tório foram significativamente mais elevadas na areia preta costeira do que no solo argiloso do interior. As concentrações de urânio no solo de areia preta costeira onde *E. sativa* e *L. esculentum* foram cultivadas atingiram 76,919 e 95,429 $BqKg^{-1}$ de peso seco, respetivamente. Os valores no solo argiloso do interior foram de 45,247 e 46,892 $BqKg^{-1}$ de peso seco, respetivamente. A concentração de urânio no solo de areia preta costeira que suporta *P. guajava* foi de 86,791 $BqKg^{(-1)\ de}$ peso seco, enquanto no solo argiloso do interior foi de 60,877 $BqKg^{-1}$ de peso seco. A mesma tendência de resultados foi observada com a concentração de tório.

As concentrações de urânio e tório determinadas nas porções comestíveis das espécies em estudo são apresentadas na Tabela 4.4 e na Figura 4.1. As concentrações de urânio e tório nas plantas cultivadas no solo de areia preta costeira atingiram valores mais elevados do que nas plantas cultivadas no solo argiloso do interior. Nas folhas de *E. sativa* cultivadas no solo argiloso do interior, as concentrações de urânio e tório foram de 4,196 e 0,525 $BqKg^{-1}$ de peso seco, respetivamente, mas estas concentrações aumentaram significativamente para 12,957 e 1,657 $BqKg^{-1}$ de peso seco, respetivamente, nas plantas cultivadas na areia preta costeira.

Quadro 4.1. Caraterísticas do solo na areia preta costeira cultivada e nos locais do interior. Os valores são a média seguida do desvio padrão.

Soil Variables	*Eruca sativa*		*Lycopersicon esculentum*		*Psidium guava*		*Mangifera indica*	
	Black Sand	Inland site	Black Sand	Inland site	Black sand	Inland site	Black Sand	Inland site
Coarse Sand (g%)	78.119±2.742***	54.569±2.520	67.558±3.411***	2.528±0.849	82.202±1.476***	25.662±1.861	75.287±1.530	73.813±1.588
Fine Sand (g%)	2.381±2.690*	11.800±2.228	30.326±3.086**	19.148±1.284	15.342±1.627*	20.886±2.153	18.620±1.602	21.400±1.179
Silt (g%)	0.205±0.003**	6.456±0.847	0.546±0.123***	20.611±0.466	0.410±0.002***	18.342±0.210	1.758±0.280*	0.725±0.125
Clay (g%)	1.295±0.110***	27.176±1.214	1.570±0.269***	57.713±1.669	2.047±0.401***	35.109±0.374	4.336±0.342	4.062±0.548
pH	7.413±0.023***	7.737±0.006	7.270±0.017**	7.673±0.067	7.793±0.055	7.747±0.012	7.710±0.010	7.707±0.051
E.C. (dsm/m)	0.360±0.006**	0.433±0.016	0.087±0.004***	0.755±0.019	0.294±0.010***	3.383±0.064	0.257±0.012**	0.181±0.012
Cl^- (g%)	0.007±0.001***	0.018±0.001	0.006±0.000**	0.013±0.001	0.017±0.001***	0.085±0.000	0.007±0.001	0.004±0.000
SO_4^- (g%)	0.007±0.000***	0.018±0.001	0.004±0.001	0.004±0.000	0.002±0.001***	0.020±0.001	0.003±0.000	0.003±0.001
HCO_3^- (g%)	0.023±0.001***	0.049±0.000	0.023±0.001***	0.060±0.001	0.069±0.001***	0.050±0.001	0.072±0.001***	0.052±0.002
$CaCO_3$ (g%)	3.469±0.197***	7.109±0.341	3.241±0.197***	8.474±0.000	0.242±0.000**	1.131±0.140	0.242±0.000**	1.051±0.140
O.M. (g%)	0.237±0.002***	3.657±0.045	0.185±0.001***	5.559±0.057	0.662±0.006***	7.385±0.072	1.327±0.024**	0.973±0.006

Estrelas sobrescritas diferentes para a mesma espécie indicam uma diferença significativa, *** significativa a $P<0,001$; ** significativa a $P<0,01$ e *significativa a $P<0.05$

Tabela 4.2. Concentrações de elementos vestigiais (ppm) na areia preta costeira cultivada e nos locais do interior.

Study Species	Study Site	Localities	Trace elements (ppm)												
			Cr	**Ni**	**Cu**	**Zn**	**Zr**	**Rb**	**Y**	**Ba**	**Pb**	**Sr**	**Ga**	**V**	**Nb**
Eruca sativa	Black sand	Baltim	98	19	9	33	1969	22	1222	3215	u.d	70	23	70	41
	Inland site	Giza	50	45	21	105	411	49	234	1768	u.d	14	22	72	42
Lycopersicon esculentum	Black sand	Baltim	98	18	9	37	2528	25	1578	3332	u.d	90	22	67	34
	Inland site	Kafr Elshikh	67	52	21	72	324	55	221	2473	u.d	11	21	106	36
Psidium guajava	Black sand	Baltim	49	16	10	27	844	31	513	1245	u.d	30	24	30	39
	Inland site	El Dakahlia	60	54	20	76	361	53	245	2613	u.d	12	22	112	37
Mangifera indica	Black sand	Baltim	91	23	10	48	1707	31	1069	2445	u.d	61	20	61	34
	Inland site	El Nubaria	25	13	26	48	1160	29	725	518	u.d	42	24	13	40

U.d.: Abaixo do limite de deteção.

Tabela 4.3. Óxidos principais (% em peso) na areia preta costeira cultivada e nos locais do interior.

Study Species	Study Site	Localities	Major Oxides (%)										
			SiO_2	Al_2O_3	TiO_2	Fe_2O_3	CaO	MgO	Na_2O	K_2O	P_2O_5	L.O.I	Total (%)
Eruca sativa	Black sand	Baltim	63.69	6.38	3.69	9.58	11.2	2.0	1.55	0.33	0.66	0.9	99.98
	Inland site	Giza	57.67	8.95	1.28	7.99	7.0	1.0	1.08	0.67	0.39	13.48	99.51
Lycopersicon esculentum	Black sand	Baltim	68.62	5.89	5.49	8.78	5.6	1.0	2.22	0.46	0.74	0.61	99.41
	Inland site	Kafr Elshikh	52.17	11.76	1.72	9.18	5.6	1.0	1.62	0.79	0.40	14.91	99.15
Psidium guajava	Black sand	Baltim	57.87	5.34	1.98	7.99	7.0	2.0	2.09	0.60	0.55	14.49	99.91
	Inland site	El Dakahlia	50.45	10.43	1.99	10.38	8.4	1.0	1.62	0.79	0.38	14.04	99.30
Mangifera indica	Black sand	Baltim	71.42	5.25	1.82	5.59	5.6	2.0	2.09	0.53	0.42	4.35	99.07
	Inland site	El Nubaria	78.87	4.76	0.54	2.39	4.2	1.0	1.48	0.46	0.42	5.6	99.72

L.O.I: Perda na ignição.

Do mesmo modo, as concentrações de urânio e tório nos frutos de *L. esculentum*, *P. guajava* e *M. indica* cultivados em solo de areia preta costeira foram significativamente mais elevadas do que as concentrações nas plantas colhidas em solo argiloso do interior.

Os factores de transferência do solo para as partes comestíveis das espécies vegetais em estudo foram calculados e apresentados no Quadro 4.4. Os factores de transferência do urânio do solo de areia preta costeira para as espécies de plantas estudadas foram geralmente mais elevados do que os do solo argiloso do interior. No que diz respeito ao fator de transferência do tório para as espécies vegetais estudadas, este apresentou um valor significativamente mais elevado no solo de areia preta costeira para *P. guajava* (0,049) em comparação com o fator de transferência do solo argiloso do interior, que atingiu o valor de 0,042. O fator de transferência do tório para outras espécies não apresentou diferenças significativas entre os solos de areia preta costeira e os solos argilosos do interior.

1.3. Relação entre as caraterísticas do solo e a absorção de radionuclídeos

A relação entre as propriedades físicas e químicas do solo e a absorção de urânio e de tório pelas plantas está resumida no Quadro 4.5. Existe uma forte correlação positiva entre as concentrações de radionuclídeos no solo e as concentrações absorvidas pelas plantas. O coeficiente de correlação entre o urânio no solo e nas plantas atingiu valores de 0,683 e 0,781, respetivamente. O coeficiente de correlação entre o tório no solo e nas plantas foi de 0,849. A maioria das caraterísticas do solo mostrou uma forte correlação com a absorção de urânio e de tório pelas plantas. O coeficiente de correlação apresentou um valor de 0,677 entre a areia grossa e o teor de urânio nas plantas e atingiu um valor de 0,611 entre a areia grossa e o tório nas plantas. Em alternativa, foi encontrada uma forte correlação negativa entre o teor de argila, silte e matéria orgânica no solo e a absorção de urânio e tório pelas plantas. O pH mostrou uma correlação negativa com o teor de radionuclídeos das plantas, tanto para o tório como para o urânio. A correlação entre a absorção dos dois minerais pelas plantas e outras caraterísticas do solo registou uma correlação negativa fraca. A variação do teor de urânio e de tório nos tecidos das plantas com o seu teor no solo e algumas caraterísticas do solo, em particular o teor de argila, silte, matéria orgânica e areia grossa, é demonstrada pela regressão múltipla dos dados, dando R^2 e explicada pela equação para cada radionuclídeo (Quadro 4.6). Os valores de R^2 para o urânio e o tório são 0,908 e 0,866, respetivamente. Existe uma forte relação positiva e linear entre o radionuclídeo absorvido e a sua concentração no solo (Figura 4.2). Verifica-se uma relação positiva com o teor de areia grossa, enquanto os teores de argila, silte e matéria orgânica demonstram uma forte relação linear negativa com o teor de urânio e tório nas plantas.

Discussão

O estudo das caraterísticas geoquímicas do solo revelou que o solo de areia preta costeira é rico em areia grossa com baixo teor de argila, silte, carbonatos e matéria orgânica. O solo de areia preta contém vários oligoelementos e óxidos importantes que foram detectados em concentrações mais elevadas do que no solo argiloso do interior. Os minerais Zr, Y e Ba foram os oligoelementos mais detectáveis, enquanto SiO2 e Fe2O3 foram os óxidos mais detectáveis no solo de areia preta costeira. A sua distribuição no perfil do solo segue as tendências gerais da circulação da solução do solo e depende das propriedades do solo (Afifi *et al.*, 2004). Por conseguinte, estes elementos são mobilizados porque são facilmente precipitados como sulfatos e carbonatos durante a meteorização. Como referido por Kabata-pendias e Pendias (2000), Zn, Ba, Mn e P são fixados pela matéria orgânica e adsorvidos em óxidos e hidróxidos. O estudo dos principais óxidos no solo revelou que o SiO2, o Fe2O3, o CaO e o Al2O3 são os óxidos mais detectados tanto na areia preta costeira como nos solos argilosos do interior, enquanto o K2O e o P2O5 são os óxidos menos detectados. O SiO2 é o óxido mais resistente à meteorização, pelo que se concentra em solos arenosos, siltosos e argilosos (Afifi *et al.*, 2004).

A concentração de radionuclídeos na areia preta costeira e nos solos argilosos do interior revelou que a concentração de urânio é geralmente mais elevada do que a concentração de tório. As concentrações de tório e urânio no solo dependem do tipo de solo, das rochas-mãe, do clima, da estação de vegetação e de muitos outros factores (Shtangeeva, 2010). A concentração ligeiramente elevada de urânio no solo do interior é explicada pela utilização de fertilizantes fosfatados nas práticas agrícolas dos locais cultivados no interior. Este facto pode interpretar as elevadas concentrações de urânio e tório acumuladas nas partes comestíveis das plantas cultivadas no solo de areia preta costeira em comparação com as plantas cultivadas no solo argiloso do interior. Do mesmo modo, o estudo de Hegazy e Emam (2011) revelou que as concentrações de urânio e tório nos tecidos de plantas selvagens cultivadas no solo de areia preta costeira eram mais elevadas do que as concentrações em plantas cultivadas num solo de controlo. Além disso, Shtangeeva (2010), Hegazy e Emam (2011) referiram que as concentrações de urânio e tório dependem da espécie. A diferença na absorção entre espécies sugere que o urânio está fortemente relacionado com a capacidade da planta para regular a absorção de minerais (Hakonson-Hayes *et al.*, 2002). O fator de transferência para o urânio apresentou valores elevados em comparação com o fator de transferência para o tório da areia preta costeira e do solo argiloso do interior. Esta conclusão está de acordo com Martinez-Aguirre *et al.* (1995), que referiram que o tório apresenta uma mobilidade muito inferior à do urânio, e também é consistente com os resultados de Chen *et al.* (2005), que observaram que o tório tem valores de fator de transferência inferiores aos do urânio.

A Agência Internacional de Energia Atómica, I.A.E.A (1983) relatou que o teor de urânio nas plantas terrestres varia entre 0,005 ppm (0,062 Bq $Kg^{-1)}$ e 0,1 ppm (1,23 Bq $Kg^{-1)}$ na matéria seca para plantas que crescem perto de regiões uniférreas. Enquanto Goswani *et al.* (1977) relataram que o urânio varia entre 0,5 ppm (6,17 Bq Kg^{-1}) e 4,4 ppm (54,3 Bq $Kg^{-1)}$ em vegetação xerófita e mesófita.

Tabela 4.4. Concentração de urânio e tório (BqKg^{-1} de peso seco) na areia preta costeira e no solo argiloso de locais cultivados no interior e nas porções comestíveis das espécies vegetais em estudo. Os dados são expressos em média ± S.D.

Study Species	Study Site	Localities	Uranium			Thorium		
			Soil (Bq Kg^{-1})	Plant (Bq Kg^{-1})	Transfer Factor	Soil (Bq Kg^{-1})	Plant (Bq Kg^{-1})	Transfer Factor
Eruca sativa	Black sand	Baltim	76.919±3.105***	12.957±2.221**	0.168±0.027**	32.458±0.617***	1.657±0.364**	0.051±0.010
	Inland site	Giza	45.247±1.885	4.196±0.494	0.093±0.014	16.027±0.617	0.525±0.008	0.033±0.002
Lycopersicon esculentum	Black sand	Baltim	95.429±3.105***	16.659±1.974***	0.175±0.024*	31.246±1.017***	1.535±0.162***	0.049±0.006*
	Inland site	Kafr Elshikh	46.892±2.468	2.221±0.864	0.047±0.018	11.448±0.617	0.485±0.040	0.042±0.004
Psidium guajava	Black sand	Baltim	86.791±1.885***	16.165±1.728*	0.186±0.019	20.067±0.617***	1.455±0.036***	0.073±0.004
	Inland site	El Dakahlia	60.877±1.425	11.476±1.357	0.189±0.026	7.946±0.617	0.566±0.004	0.071±0.005
Mangifera indica	Black sand	Baltim	81.855±1.885***	14.314±1.357**	0.175±0.016***	24.242±0.808***	0.970±0.024***	0.040±0.002***
	Inland site	El Nubaria	9.749±0.445	9.378±0.987	0.966±0.146	1.912±0.102	0.485±0.040	0.254±0.030

Estrelas sobrescritas diferentes para a mesma espécie indicam uma diferença significativa, *** significativa a P<0,001; ** significativa a P<0,01 e * significativa a
P<0.05.

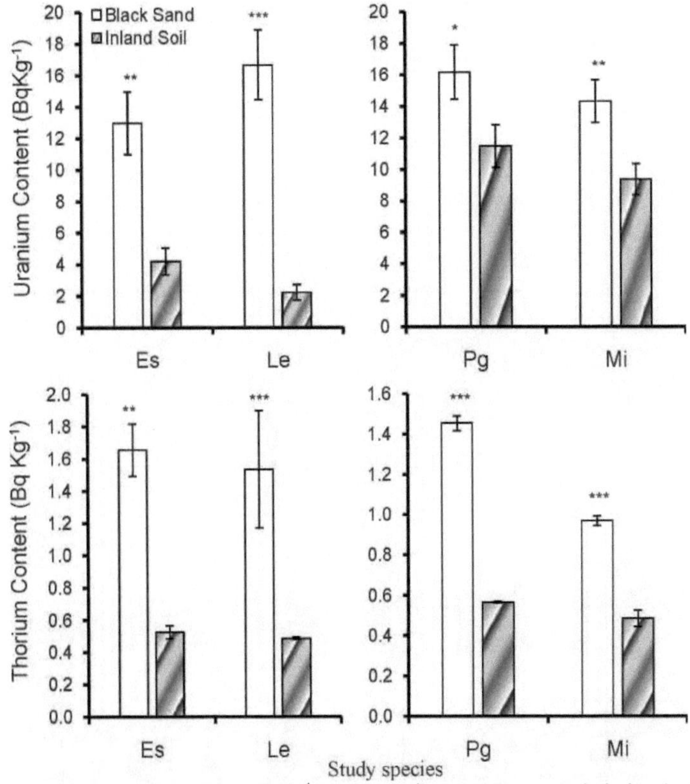

Figura 4.1. Concentração de radionuclídeos ($BqKg^{-1}$ de peso seco) nas porções comestíveis das plantas cultivadas em estudo (Es= *Eruca sativa* e Le= *Lycopersicon esculentum*) e das árvores de fruto em estudo (Pg= *Psidium guajava* e Mi= *Mangifera indica*) cultivadas na areia preta costeira e no solo argiloso dos locais do interior. A barra vertical em torno da média é o desvio padrão e estrelas diferentes para a mesma espécie indicam uma diferença significativa. *** significativo a $P<0,001$; ** significativo a $P<0,01$ e * significativo a $P<0,05$.

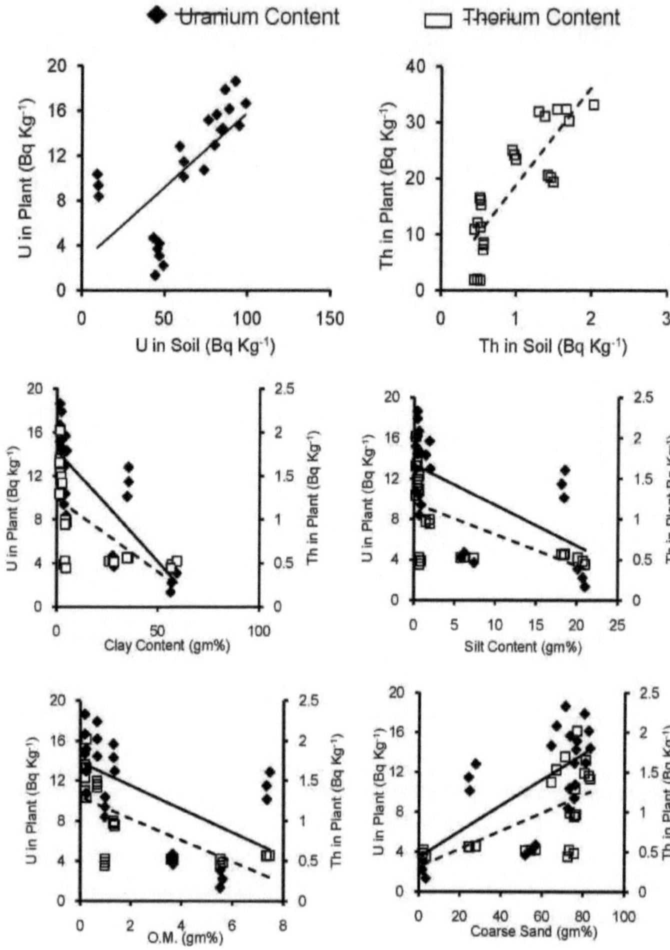

Figura 4.2. Relações entre a concentração de urânio e tório nas plantas e a sua concentração no solo em função das propriedades do solo (teor de argila, silte, matéria orgânica e areia grossa).

Tabela 4.5. Coeficiente de correlação de Pearson entre a concentração de radionuclídeos e várias propriedades do solo, assumindo uma relação linear.

Soil Characteristics	Radionuclides Concentration ($BqKg^{-1}$ dry weight)			
	Uranium in soil	Thorium in soil	Uranium in plant	Thorium in plant
U in soil ($BqKg^{-1}$)	1	0.840***	0.683***	0.781***
Th in soil ($BqKg^{-1}$)	0.840***	1	0.538**	0.849***
U in plant ($BqKg^{-1}$)	0.683***	0.538**	1	0.775***
Th in plant ($BqKg^{-1}$)	0.781***	0.849***	0.775***	1
Coarse sand (gm%)	0.293	0.462*	0.677***	0.611***
Fine sand (gm%)	0.259	0.266	0.402*	0.306
Clay (gm%)	-0.358*	-0.496**	-0.780***	-0.664***
Silt (gm%)	-0.273	-0.506**	-0.619***	-0.618***
$CaCO_3$ (gm %)	-0.250	-0.028	-0.784***	-0.317
HCO_3^- (gm%)	-0.169	-0.467*	-0.162	-0.437*
Cl^- (gm%)	-0.019	-0.392	-0.034*	-0.327
O.M. (gm%)	-0.317	-0.581***	-0.579**	-0.690***
pH	-0.435*	-0.691***	-0.362*	-0.612***
H_2SO_4 (gm%)	-0.164	-0.256	-0.329	-0.399*
E.C. (dsm/m)	-0.078	-0.419*	-0.100	-0.373*

Estrelas sobrescritas diferentes indicam uma diferença significativa, *** significativa a P<0,001; ** significativa a P<0,01 e * significativa a P<0,05.

Tabela 4.6. Regressões múltiplas dos dados que mostram valores de R^2 indicando a variação da concentração de radionuclídeos nos tecidos vegetais com a sua concentração no solo e algumas propriedades do solo.

Radionuclide	R^2	Equation
Uranium	0.908***	U_{plant}= 9.73+0.069***U_{Soil}-0.472***Clay+0.853Silt-0.224O.M.+0.0Coarse Sand
Thorium	0.866***	Th_{plant}= 0.602+0.03***Th_{Soil}-0.016 Clay+0.128*Silt-0.182 O.M.+0.016*Coarse Sand

*** P<0,001; ** P<0,01 e * P<0,05

Assim, os resultados do estudo revelaram que a concentração de urânio nas porções comestíveis das espécies de plantas investigadas cultivadas na areia preta de Baltim era superior aos valores propostos pelo I.A.E.A. (1983 e 1988), mas na gama de valores propostos por Goswani *et al.* (1977).

A relação entre os radionuclídeos nos tecidos das plantas e as suas concentrações no solo revelou uma forte correlação positiva. Esta indicação é apoiada pelo estudo de Al Masri *et al.* (2008), que registou o aumento das concentrações de radionuclídeos nos tecidos das plantas com o aumento das quantidades no solo. Sabe-se que a transferência de radionuclídeos naturais do solo para a planta é principalmente afetada pelas caraterísticas do solo (Pulhani *et al.*, 2005; Hegazy e Emam, 2011). As propriedades do solo, como o pH, os teores de argila mineral, Ca, K e matéria orgânica, e as alterações do solo, como a aplicação de fertilizantes, afectam fortemente o perfil de absorção, retenção e distribuição de radionuclídeos nas plantas (Bolca *et al.*, 2007; Soliman *et al.*, 2011). Como indicado nos resultados, verificou-se uma forte correlação negativa entre a absorção de urânio e tório pelas plantas e o teor de argila, silte, matéria orgânica e pH do solo. Estas conclusões estão de acordo com o estudo de Hegazy e Emam (2011) e Hegazy *et al.* (2011) que revelaram uma correlação negativa entre a absorção de urânio e tório por algumas espécies de plantas selvagens e o teor de argila e matéria orgânica do solo. O pH pode influenciar a mobilidade dos radionuclídeos no solo porque afecta o processo de adsorção e a solubilização dos radionuclídeos (Seddeek *et al.*, 2005). O estudo de Savinkov *et al.* (2007) sobre a absorção de radionuclídeos por plantas de diferentes tipos de solo revelou uma relação negativa significativa entre a absorção de radionuclídeos e o teor de húmus no solo. Foi sugerido que o teor de matéria orgânica afecta a retenção e a migração dos radionuclídeos das precipitações radioactivas no ambiente (Staunton *et al.*, 2002). A matéria orgânica pode estar associada a níveis mais elevados de ácidos húmicos solúveis que podem formar complexos de urânio e torná-los indisponíveis para a absorção pelas plantas (Lauria *et al.*, 2009). O efeito da textura do solo no movimento de vários radionuclídeos parece ser semelhante ao dos iões divalentes Ca e Mg. Os catiões divalentes são adsorvidos pelas partículas de argila do solo através de mecanismos de troca iónica, pelo que as taxas relativas de adsorção aumentam geralmente com o aumento do teor de argila do solo (Mortvedt, 1994).

Conclusões

O estudo das concentrações de radionuclídeos nas quatro espécies de plantas cultivadas em estudo (*Eruca sativa, Lycopersicon esculentum, Psidium guajava* e *Mangifera indica)* no solo de areia preta costeira revelou a capacidade de acumular urânio e tório nas suas porções comestíveis. A acumulação de radionuclídeos ocorre em concentrações mais elevadas no sítio de areia preta costeira do que nos sítios cultivados do interior. A transferência de urânio do solo para a planta foi significativamente mais elevada do que a transferência de tório. A absorção de urânio e tório pelas plantas foi fortemente correlacionada com o teor de radionuclídeos, as propriedades físicas e as propriedades químicas do solo. Esta correlação foi positiva com a concentração de radionuclídeos e o teor de areia grossa, enquanto se observou uma correlação negativa com o pH, a argila, o silte e o teor de matéria orgânica do solo. A absorção de radionuclídeos pelas plantas cultivadas pode ser minimizada através da gestão das caraterísticas físicas e químicas do solo , especialmente o teor de argila, silte e matéria orgânica, que reduzem significativamente a transferência do solo para as plantas.

Referências

Afifi, S.Y.; Moawad, F.A.; Ali, N.E. e Ahmed, M.A. (2004). Impacto dos elementos radioactivos nos constituintes bioquímicos de algumas plantas selvagens, Sinai Central Ocidental, Egito. Boletim da Faculdade de Ciências, **72**: 1-21.

Akhter, P.; Orfi, S.D. e Ahmad, N. (2003). Caesium concentration in the Pakistani diet (Concentração de césio na dieta paquistanesa). Journal of Environmental Radioactivity, **67**: 109-118.

Allen, S.E.; Grimshaw, H.M.; Parkinson, J.A. e Quarmby, C. (1974). Chemical Analysis of Ecological Materials (Análise Química de Materiais Ecológicos). Blackwell Scientific Publications, Oxford. 565 p.

Al-Masri, M.S.; Al-Akel, B.; Nashawani, A.; Amin, Y.; Khalifa, K.H. e Al-Ain, F. (2008). Transferência de ^{40}K, ^{238}U, ^{210}Pb, e ^{210}Po do solo para a planta em vários locais no sul da Síria. Journal of Environmental Radioactivity, **99**: 322-331.

Balbir, C.V.; Swaminathan, K. e Sud, K.C. (1977). Um procedimento turbidimétrico melhorado - para a determinação de sulfato em plantas e solos. Talanta, **24**: 49-50.

Blanco Rodriguez, P.; Vera Tome, F. e Lozano, J.C. (2002). Sobre a suposição de linearidade nos factores de transferência do solo para a planta para os isótopos de urânio e tório e ^{226}Ra. Science of Total Environment, **284**: 167-175.

Bolca, M.; Sa?b, M.M.; Cokuysala, B.; Karalib, T. e Ekdalb, E. (2007). Radioatividade em solos e vários géneros alimentícios da bacia do rio Gediz, na Turquia. Radiation Measurements, **42**: 263 - 270.

Chen, S.B.;. Zhu, Y.G e Hu, Q.H. (2005). Transferência do solo para a planta de 238U, 226Ra e 232Th num solo afetado por minas de urânio do sudeste da China. Journal of Environmental Radioactivity, **82**: 223-236.

El-Gamal, A.; Rashad, M. e Ghatass, Z. (2010). Respostas radiológicas de diferentes tipos de sedimentos costeiros do Mediterrâneo egípcio. Radiation Physics and Chemistry, **79**: 831-838.

El-Hadry, A.F.A. (1998). Estudos geológicos, sedimentológicos e radiométricos em depósitos de areia preta, a oeste da praia de Roseta, que destacam minerais económicos pesados. Tese de doutoramento, Universidade do Cairo, 184 p.

Gang, W.; Zhen-Kuan, W.; Yong-Xiang, W.; Li-Ye, C. e Hong-Bo, S.

(2007). As respostas mútuas das plantas superiores ao ambiente: Aspectos fisiológicos e microbiológicos. Coloide. Surface. B, **59**: 113119.

Gavrilescu, M.; Pavel, L.V. e Cretescu, I. (2009). Caracterização e remediação de solos contaminados com urânio. Journal of Hazardous Materials, **163**: 475-510.

Goswani, S.C.; Gulati, K.L. e Nagpaul, K.K. (1977). Estimation of uranium content in plants and soil by nuclear etch Technique. plant and soil, **48**(3): 709.

Hakonson-Hayes, A.C.; Frsquez, P.R. e Whicker, F.W. (2002). Assessing potential risks from exposure to natural uranium in well water. Environmental radioactivity, **59**: 29-40.

Hassan, A.A.H. (1993). Exploração magnética e espectrométrica dos depósitos de areia preta no distrito de Abu Khashaba, área de Rosetta, Egito. Tese de Mestrado da Universidade do Cairo, 76 p.

Hazen, A. (1989). Sobre a determinação de cloreto em água. American Journal of Chemistry, **2**: 409-425.

Hegazy, A.K. e Emam, M.H. (2011). Acumulação e transferência de radionuclídeos do solo para a planta nos habitats de areia preta costeira do delta do Nilo. Revista Internacional de Fitorremediação, **13**:140-155.

Hegazy, A.K.; Emam, M.H. e Alatar, A.A. (2011). Crescimento e atributos reprodutivos de fitorremediadores de radionuclídeos nas areias negras costeiras do Mediterrâneo. Revista Africana de Biotecnologia, **10** (74): 16781-16792.

Hou, X. e Roos, P. (2008). Comparação crítica de métodos radiométricos e de espetrometria de massa para a determinação de radionuclídeos em amostras ambientais, biológicas e de resíduos nucleares. Analytical chemistry ata, **608**: 105-139.

Agência Internacional da Energia Atómica, I.A.E.A (1983). Measurement of radionuclide in food and environment (Medição de radionuclídeos nos alimentos e no ambiente). Série de relatórios técnicos, Viena, **295**: 5-27.

Jackson, M.L. (1962). Soil Chemical Analysis. Constable and Co. Ltd. Londres. 496 p.

Jibiri, N.N.; Farai, .IP. e Alausa, S.K. (2007). Estimativa da dose efectiva anual devida a elementos radioactivos naturais na ingestão de alimentos na área mineira de estanho de Jos-Plateau, Nigéria. Jornal de Radioatividade Ambiental, **94**: 31-40.

Kabata-Pendias, A. e Pendias, H. (2000): Trace elements in soil and plants, 3rd ed p.cm. CRC Press. Boca Raton Londres, Nova Iorque. Washington, D.C. 331 p.

Lauria, D.C.; Ribeiro, F.C.A.; Conti, C.C. e Loureiro, F.A. (2009). Teores de rádio e urânio em hortaliças cultivadas em diferentes sistemas de manejo agrícola. Journal of Environmental Radioactivity, **100**: 176183.

Marczenko, Z. (1986). Spectrophotometric determination of elements. Harwood, New York, U.S.A. 708 p.

Martinez-Aguirre, A.; Garcia-LeOn, M. e Ivanovich, M. (1995). Especiação de U e Th em sedimentos fluviais. The Science of the Total Environment, **173:** 203-209.

Miller, W. P. e Miller, D. M. (1987). Um método de micro-pipeta para análise mecânica do solo. Comunidades de Ciência do Solo e Análise de Plantas, **18**(1): 1-15.

Mortvedt, J.J. (1994). Relações entre plantas e solos de radionuclídeos da série de decaimento do urânio e do tório. A review. Journal of Environmental Quality, **23**: 643-650.

Poli, A.; Salerno, A.; Laezza, G.; di Donato, P.; Dumontet, S. e Nicolaus, B. (2009). Resistência a metais pesados de alguns termófilos: utilização potencial da a-amilase de *Anoxybacillus amylolyticus* como bioensaio enzimático microbiano. Investigação em Microbiologia. **160**: 99-106.

Pulhani, V.A.; Dafauti, S.; Hegde, A.G.; Sharma, R.M. e Mishral, U.C. (2005). Absorção e distribuição de radioatividade natural em plantas de trigo a partir do solo. Journal of Environmental Radioactivity, **79**: 331-346.

Savinkov, A.; Semioshkina, N.; Howard, B.J. e Voigt, G. (2007). Radiostrontium uptake by plants from different soil types in Kazakhstan. Ciência do Ambiente Total, **373**: 324-333.

Seddeek, M.K.; Badran; H.M.; Sharshar, T. e Elnimr, T. (2005). Caraterísticas, distribuição espacial e perfil vertical de radionuclídeos emissores de raios gama no ambiente costeiro do Norte do Sinai. Jornal de Radioatividade Ambiental, **84**: 21-50.

Shapiro, L. e Brannock, W.W. (1962). Análise rápida de rochas de silicato, carbonatos e fosfatos: U.S. Geological Survey Bulletin, **114**: 56-63.

Shtangeeva, I. (2010). Absorção de urânio e tório por plantas nativas e cultivadas. Journal of Environmental Radioactivity, **101**: 458-463.

Soliman, M.S.A.; Hegazy, A.K.; Goda, S.K.; Emam, M.H. e Alatar, A.A. (2011). Citotoxicidade e efeitos mutagénicos de radionuclídeos do solo em algumas areias negras. Jornal de Ecologia Mediterrânica, **11**: 5-20.

Staunton, S.; Dumat, C. e Zsolnay, A. (2002). Possible role of organic matter in radiocaesium adsorption in soils. Journal of Environmental Radioactivity, **58**: 163-173.

Tamponnet, C.; Martin-Garin, A.; Gonze, M.A.; Parekh, N.; Vallejo, R.; Sauras-Year, T.; Casadesus, J.; Plassard, C.; Staunton, S.; Norden, M.; Avila, R. e Shaw G. (2008). An overview of BORIS: Bioavailability of Radionuclides in Soils. Journal of Environmental Radioactivity, **99**: 820830.

5. VARIAÇÕES DO TEOR DE MACRONUTRIENTES E METABOLITOS SECUNDÁRIOS EM RESPOSTA À ACUMULAÇÃO DE RADIONUCLÍDEOS

Resumo. Os conhecimentos actuais sobre a absorção e tolerância básicas de radionuclídeos indicam que as plantas podem desenvolver mecanismos que previnam os efeitos nocivos do stress causado por minerais radioactivos. O teor de radionuclídeos foi determinado na areia negra da costa mediterrânica e nos solos do interior do delta do Nilo, no Egito. As quatro espécies de plantas alimentares comuns, *nomeadamente Eruca sativa, Lycopersicon esculentum, Psidium guajava* e *Mangifera indica*, foram avaliadas quanto à absorção e acumulação de urânio e tório nas suas porções comestíveis. Os constituintes bioquímicos foram avaliados para elucidar o possível efeito da acumulação de radionuclídeos nos constituintes fitoquímicos das plantas. A capacidade das quatro espécies de plantas estudadas para acumular urânio e tório nas suas porções comestíveis a partir do solo de areia preta costeira é superior à absorvida a partir dos solos agrícolas do interior. Os constituintes bioquímicos foram afectados pelas elevadas concentrações de urânio e tório nos tecidos das plantas. O teor de fibras brutas das porções comestíveis atingiu o valor mais elevado, 0,84 g/100 g, valor nutritivo 32,46 K.Cal/ 100 g, vitamina A 2468 UI/ 100 g, vitamina C 228 mg/100 g, compostos fenólicos 198 mg/100 g, clorofilas 952 mg/100 g, carotenos 7,23 mg/ 100g de peso fresco no sítio de areia preta costeira rico em minerais radionuclídeos. As proteínas totais, o teor de humidade, os compostos fenólicos totais, a clorofila total, os carotenóides totais, o β-caroteno e o licopeno foram positivamente correlacionados com as concentrações de urânio e tório nos tecidos vegetais, enquanto o teor de minerais, a vitamina C e os flavonóides totais foram suprimidos por concentrações elevadas de urânio e tório nos tecidos vegetais.

Introdução

O solo sempre foi importante para o homem e para a sua saúde, constituindo um recurso que pode ser utilizado para abrigo e produção de alimentos (Abrahams, 2002). Alguns elementos são nutrientes minerais essenciais para as plantas, com uma necessidade ao longo da vida e a sua ausência produz sintomas específicos de deficiência. Em contrapartida, todos os oligoelementos são tóxicos se a sua ingestão ou inalação for excessiva. Em particular, Ag, As, Be, Cd, Hg, Pb e alguns dos produtos derivados do urânio são bons exemplos de elementos potencialmente nocivos que não têm funções essenciais comprovadas nos seres humanos e que se sabe terem efeitos fisiológicos adversos em concentrações relativamente baixas. A relação causal conhecida entre os problemas de saúde e os elementos presentes nos alimentos humanos derivados do ambiente imediato do solo é limitada (Abrahams, 2002). A absorção de radionuclídeos de solos contaminados representa uma via significativa de exposição humana à radiação, quer devido ao consumo direto de cereais, frutas e legumes, quer indiretamente, após o consumo de leite e carne de animais alimentados com matéria vegetal contaminada (Mosquera *et al.*, 2006). A compreensão da absorção de minerais radioactivos pelas plantas cultivadas e o conhecimento da sua distribuição em diferentes órgãos é importante na gestão agrícola, para evitar os seus possíveis efeitos negativos na saúde.

O conhecimento fundamental do comportamento biogeoquímico destes metais e dos processos envolvidos na sua migração para o ambiente é também de particular importância para a produção de energia, o abastecimento de água, a agricultura e a proteção e reparação do ambiente (Shtangeeva *et al.*, 2005). A contaminação ambiental causada por radionuclídeos, em particular o urânio (U) e os seus produtos de decaimento, é um problema grave em todo o mundo (Srivastava *et al.*, 2010). O urânio é o elemento natural mais pesado, encontrado em pequenas quantidades no solo, nas rochas, nas águas superficiais e nas águas subterrâneas. O urânio pode entrar no corpo humano por inalação, ingestão ou penetração através da pele (Tissandie *et al.*, 2008). A ingestão de alimentos ou de água é a principal fonte de urânio depositado internamente nos seres humanos. O urânio é um emissor alfa com potencial radiotóxico e um metal pesado com potencial quimiotóxico. A toxicidade química do urânio é predominantemente causada pelo ião uranilo hexavalente aquoso (UO_2^{2+}) devido à sua elevada reatividade com os centros de ligação do oxigénio. Assim, assemelha-se ao Ca^{2+} e ao Mg^{2+}, mas com o urânio formam-se complexos de maior estabilidade. O UO_2^{2+} tem uma forte afinidade pelas porções de fosfato e pelos grupos de álcool de açúcar dos nucleótidos e polinucleótidos e, como tal, causa danos no ADN (Srivastava *et al.*, 2010). No entanto, uma vasta gama de organismos, tanto em ambientes terrestres como aquáticos, absorve urânio, incluindo plantas, bactérias, algas e fungos (Kazy *et al.*, 2009).

O principal efeito para a saúde da exposição ao urânio empobrecido ou natural tem sido a toxicidade química dos rins e não o risco de radiação (Tissandie *et al.*, 2008). No entanto, pouco se sabe sobre os efeitos da exposição prolongada ao urânio nos seres humanos. Em animais, os estudos descreveram os efeitos da exposição crónica ao urânio empobrecido (DU) através da água potável no sistema nervoso central, na reprodução ou na desintoxicação de xenobióticos (Tissandie *et al.*, 2008). Foi referido que o metabolismo da vitamina D3, envolvido na homeostase mineral e na mineralização óssea, foi afetado após uma exposição prolongada a doses ambientais de urânio empobrecido ou de outro radionuclídeo ^{137}césio (Tissandie *et al.*, 2008). Nas plantas, são relatados os efeitos do urânio na biomassa, no crescimento das raízes, na viabilidade das células das raízes e nas interações com nutrientes minerais (Misson *et al.*, 2010). São induzidas respostas variáveis nas plantas após a exposição ao urânio, que estão relacionadas com as diferenças na biodisponibilidade do urânio (Hegazy *et al.*, 2011; Soliman *et al.*, 2011). Estudos recentes mostram um aumento na produção de espécies reactivas de oxigénio (ROS) e consequente estimulação das defesas antioxidantes em resposta à exposição ao urânio, semelhante ao observado após a exposição das plantas a metais redox-activos como o Cu (Srivastava *et al.*, 2010). No entanto, o efeito do urânio no sistema de defesa oxidativa da planta ainda não foi completamente investigado.

Os conhecimentos actuais sobre a tolerância ubíqua aos metais básicos indicam que as plantas partilham vários mecanismos comuns que impedem os efeitos nocivos do stress metálico, em vez de desenvolverem proteínas que possam resistir aos efeitos dos metais pesados. Estes mecanismos envolvem a redução da absorção de metais, a defesa oxidativa, a quelação de metais, a reparação de proteínas danificadas pelo stress e a compartimentação vacuolar (Goupila *et al.*, 2009). Muitos factores nutricionais são amplamente considerados críticos para a saúde humana. Entre eles, os radicais livres têm sido considerados como um dos factores que contribuem para as doenças degenerativas crónicas (Patthamakanokporn *et al.*, 2008). Normalmente, o corpo humano tem mecanismos para eliminar os radicais livres através de alguns nutrientes da dieta que têm actividades antioxidantes. O antioxidante dietético foi definido como uma substância presente nos alimentos habitualmente consumidos que diminui significativamente os efeitos adversos das espécies quimicamente reactivas nas funções fisiológicas normais dos seres humanos (Patthamakanokporn *et al.*, 2008). Nos últimos anos, o interesse tem-se centrado nas vitaminas antioxidantes C e E, fenólicos e carotenóides devido à sua capacidade de eliminar espécies activas de oxigénio e radicais livres (Kotikova *et al.*, 2011). Os legumes e as frutas que contêm vitamina E, beta-caroteno e licopeno constituem fontes naturais de antioxidantes. Os antioxidantes têm a função de diminuir os danos no ADN, reduzir a peroxidação lipídica e inibir a transformação maligna ou a proliferação celular (Charoensiri *et al.*, 2009).

As espécies vegetais ou árvores de fruto cultivadas em solos contaminados com radionuclídeos podem absorver radionuclídeos e acumulá-los nas suas partes comestíveis. Estes elementos radioactivos absorvidos podem afetar negativa ou positivamente os constituintes bioquímicos e fitoquímicos das plantas, que podem ser utilizados como mecanismo de defesa para controlar os efeitos indesejáveis dos elementos tóxicos. O presente estudo foi realizado para avaliar a absorção de radionuclídeos por quatro espécies de culturas comuns nos solos mediterrânicos costeiros de areia preta e interiores. Foi avaliada a resposta fisiológica e bioquímica que pode estar associada à absorção de radionuclídeos nas porções comestíveis das espécies vegetais em estudo.

Materiais e métodos

Local de estudo e espécies de estudo

O presente estudo foi realizado nos depósitos de areia negra da costa mediterrânica do delta do Nilo, no Egito. Foram selecionados locais no interior das principais terras agrícolas do delta do Nilo como controlo para comparação com a areia negra costeira.

Neste estudo, foram utilizadas duas espécies de plantas cultivadas, nomeadamente a rúcula (*Eruca sativa* Mill.) e o tomate (*Lycopersicon esculentum* L.) e as duas árvores de fruto comuns, a goiaba (*Psidium guajava* L.) e a manga (*Mangifera indica* L.). A rúcula e o tomate foram cultivados em meados de março de 2009, tanto no litoral como no interior. As amostras de folhas de rúcula foram recolhidas para análise no final de fevereiro, enquanto os frutos de tomate foram recolhidos na primeira semana de junho. A idade das goiabeiras e mangueiras na altura do estudo era de 10 anos. Os frutos foram amostrados para análise no final de agosto de 2009. As porções comestíveis dos materiais vegetais foram recolhidas em sacos de plástico e transferidas para o laboratório numa caixa de gelo poucas horas após a recolha, para posterior processamento e análise.

Teor de radionuclídeos

Para a determinação do teor de radionuclídeos, as porções comestíveis das espécies vegetais em estudo foram colhidas no sítio costeiro de areia preta e nos sítios cultivados no interior. As concentrações de urânio e tório nas porções comestíveis das espécies vegetais estudadas foram medidas utilizando o espetrómetro de massa de plasma indutivamente acoplado de alta resolução (técnica ICP-MS), modelo Jeol-JMS-PLASMAX2, no Laboratório Central de Análise Elementar e Isotópica, Centro de Investigação Nuclear, Autoridade da Energia Atómica, Egito. As concentrações medidas de urânio e tório foram obtidas em ppm e convertidas em Becquerel por Quilograma (Bq Kg^{-1}) de peso seco, multiplicando o valor de U por 12,34 e multiplicando o valor de Th por 4,04

Teor de macronutrientes

O teor de humidade foi medido de acordo com a A.O.A.C. (2000). Cinco gramas de amostra de planta seca ao ar foram pesadas com precisão num cadinho de porcelana e depois secas numa estufa a 105 C até se obter um peso constante. A perda de peso foi calculada e indicada como percentagem de humidade.

Para a determinação do teor de cinzas, 2 g exactos de amostra de planta seca ao ar foram aquecidos num cadinho a 100 C até à expulsão da água. O cadinho foi então deixado numa mufla a 550 C até atingir um peso constante. O peso do resíduo foi calculado e expresso em percentagem de cinzas (A.O.A.C., 2000).

O teor de proteínas totais foi calculado multiplicando o azoto orgânico total por 6,25. O azoto total foi determinado pelo método de Kjeldahl (A.O.A.C., 1995). A amostra seca (1g) foi digerida com ácido sulfúrico concentrado na presença de um catalisador de digestão (uma mistura de sulfato de cobre e sulfato de sódio anidro, 1:10). A digestão foi efectuada com um instrumento de laboratório Kjeldatherm; Gerhardt. Após a digestão, a solução foi tratada com excesso de NaOH (50 ml, 50%). O amoníaco foi recebido em ácido bórico (50ml, 20%) e titulado com ácido sulfúrico 0,1N. A titulação foi efectuada utilizando o Vapadest50s; Gerhardt, instrumento de laboratório.

As gorduras brutas foram extraídas e determinadas utilizando o Soxtherm; Gerhardt, instrumento de laboratório de acordo com a A.O.A.C. (2000). Dez gramas de amostra de planta seca foram extraídas com clorofórmio e metanol (2:1 v/v). O extrato foi seco sobre sulfato de sódio anidro e, em seguida, o solvente foi removido por aquecimento a 80 C sob vácuo. O resíduo foi arrefecido, pesado e expresso em percentagem de lípidos.

Para a determinação das fibras brutas, um peso conhecido da amostra moída (2g) foi fervido em H2SO4 a 1,25% durante 30 minutos e filtrado, sendo depois cuidadosamente lavado com água destilada quente. O resíduo foi fervido com uma solução de NaOH a 1,25% durante 30 minutos e, em seguida, filtrado. O resíduo foi lavado com água destilada, seguido de álcool etílico e acetona, e depois seco a 100 C até peso constante. O teor de cinzas foi determinado e subtraído do peso seco do material tratado para obter o teor de fibras (A.O.A.C., 2000).

Os hidratos de carbono hidrolisáveis totais foram determinados calorimetricamente com o método do ácido fenol-sulfúrico, de acordo com Dubois *et al.* (1956). Colocou-se um peso conhecido (0,5 g) da amostra seca num tubo de ensaio e adicionou-se ácido sulfúrico (10 ml-1N). O tubo foi colocado durante uma noite numa estufa a 100 C. A solução foi então filtrada para um balão de medição e completada até ao traço com água destilada.

O valor nutritivo foi estimado através da medição do teor energético dos materiais vegetais. O conteúdo energético foi estimado em quilocalorias por 100 g de peso fresco, multiplicando as percentagens de proteína bruta, gordura bruta e hidratos de carbono digeríveis pelos respectivos factores de Atwater 4, 9 e 4, respetivamente (Nwinuka *et al.*, 2005; FAO, 2003).

Conteúdo dos macroelementos

A análise foi feita de acordo com Shoale *et al.* (1997), utilizando um peso conhecido (0,5 g) da amostra seca e a digestão húmida foi realizada utilizando um forno de micro-ondas (Advanced Microwave Digestion System. ETHOS1). O teor total de macroelementos foi determinado na solução digerida utilizando espetrometria de emissão com plasma indutivamente acoplado (ICP 6000 Series; Thermo Scientific) de acordo com Allen *et al.* (1997).

Teor de vitaminas

O teor de vitamina A foi estimado de acordo com Neeld e Pearson (1963). Dois gramas de material vegetal fresco foram misturados com 2 ml de etanol a 95%, seguidos de 3 ml de éter de petróleo e agitados durante dois minutos para extração da vitamina A. Depois da centrifugação, o sobrenadante foi colocado num recipiente e a absorvância foi determinada a 450 nm contra um branco de éter de petróleo. O éter de petróleo foi evaporado até à secura num banho de água e, em seguida, o resíduo foi absorvido em 0,1 ml de clorofórmio e adicionou-se 0,1 ml de anidrido acético. A leitura da vitamina A foi efectuada a 620 nm contra um branco constituído por 0,1 ml de clorofórmio e 1 ml de reagente de ácido trifluoroacético. A vitamina A foi medida como equivalente biológico de carotenóides em unidades internacionais (UI) por 100 g de peso fresco e calculada da seguinte forma $\mu g = OD620 - (OD450 \times 0{,}3) \times 337$

Considerando que OD= Densidade ótica.

O teor de vitamina C foi medido por determinação espectrofotométrica do ácido ascórbico de acordo com Iqbal *et al.* (2010). A 1g de cada amostra, pesada com exatidão, foram adicionados 10 ml de solução de ácido oxálico 0,05M e a solução foi colocada à sombra durante 24 horas para extrair a vitamina C. Após filtração, o filtrado foi transferido para um balão volumétrico de 25 ml e, em seguida, foram adicionados 2,5 ml de solução de ácido oxálico 0,05M. Separadamente, foram adicionados à amostra ácido meta-fosfórico com ácido acético, ácido sulfúrico a 5% e solução de molibdato de amónio, tendo depois o volume sido completado com água destilada até 25 ml. A amostra foi então analisada para a vitamina C a 760 nm em comparação com o ácido L-ascórbico padrão.

Metabolitos secundários

O conteúdo fenólico total foi determinado pelo método Folin-Ciocalteu descrito por Meda *et al.* (2005). Dois gramas de material vegetal fresco foram misturados com 2,5 ml de reagente de Folin-Ciocalteu 0,2 N durante 5 minutos, depois foram adicionados 2 ml de carbonato de sódio 75g/l. Após incubação à temperatura ambiente durante 2 horas, a absorvância da mistura de reação foi medida a 760 nm contra um branco de metanol. O ácido gálico foi utilizado como padrão para produzir a curva de calibração.

Os flavonóides totais foram determinados de acordo com Hung e Morita (2008). Uma amostra de um grama foi extraída com 10 ml de etanol a 80% durante 20 minutos com agitação contínua. Após centrifugação durante 10 minutos, o sobrenadante foi recolhido. Exatamente 0,5 ml de extrato foi misturado com 1,5 ml de etanol a 95%, seguido de 0,1 ml de cloreto de alumínio a 10%, 0,1 ml de acetato de potássio 1M e 2,8 ml de água destilada. Após incubação à temperatura ambiente durante 30 minutos, a absorvância da mistura de reação foi medida a 415 nm. O teor de flavonóides foi calculado utilizando uma calibração padrão da solução de rutina.

Atividade antioxidante

A atividade antioxidante foi determinada pelo efeito de eliminação dos radicais livres do extrato da planta, avaliado pela descoloração do radical DPPH (1,1 difenil-2-picril hidrazil) da solução metanólica de acordo com Lee *et al.* (2002). A amostra de planta seca foi dissolvida em metanol e depois foram adicionados 5 ml de solução de DPPH. Foram preparadas diferentes concentrações do extrato da planta. O DPPH metanólico foi utilizado como controlo. Após 30 minutos, a absorvância foi medida a 517 nm. A rutina foi utilizada como referência para a eliminação de radicais livres na mesma dose. A atividade antioxidante foi expressa como:

% de descoloração DPPH = 100 x (A_1 - A_2 / A_2)

Considerando que A_1 é a absorvância do controlo e A_2 a absorvância na presença dos extractos testados.

Clorofila total

A determinação foi efectuada de acordo com o método descrito por Holden (1965). A amostra fresca (0,5 g) foi triturada num almofariz com acetona, na presença de uma pequena quantidade de carbonato de cálcio, e depois filtrada. O resíduo foi lavado várias vezes com acetona até o líquido de lavagem ficar incolor. A absorvância foi medida a 663 e 645 nm contra acetona aquosa a 80% como branco. A concentração foi calculada a partir da seguinte equação. Clorofila a (mg/g) = ((12,3 X A_{663} - 0,86 X A_{645})/ *a* X 100 X *w*) *v* Clorofila b (mg/g)= ((19,3 X A_{645} - 3,6 X A_{663})/ *a* X 100 X *w*) *v*

Considerando que A_{663} e A_{645} são as absorvâncias a 663 e 645 nm; "*a*" é o comprimento do trajeto da luz na célula; "*w*" é o peso fresco em gramas e "*v*" é o volume em ml.

Teor de carotenos

Os carotenóides totais foram extraídos das amostras de plantas e determinados espectrofotometricamente de acordo com Bealde e Zscheile (1942). Um grama de cada amostra foi saponificado durante a noite com KOH 0,5N à temperatura ambiente. A fração saponificada foi então transferida para uma ampola de decantação e extraída várias vezes com éter dietílico. O extrato foi lavado com água destilada e KOH 0,5N e depois seco sobre sulfato de sódio anidro. Evaporar um volume conhecido de extrato etéreo à temperatura ambiente e adicionar 5 ml de éter de petróleo. Os carotenos foram medidos a 440 nm em relação a um branco de éter de petróleo.

O β-caroteno e o licopeno foram extraídos utilizando o método descrito por Tee e Lim (1991). Do extrato, 2,5 ml foram misturados com 40 ml de metanol contendo 1g de hidróxido de potássio. Do extrato concentrado, 2 ml foram evaporados sob azoto corrente, redissolvidos em 2 ml de acetona, passados através de uma membrana milipore de 0,45 μm e alíquotas de 30 μl foram injectadas no sistema HPLC (Hewlett Packard, HP 1090 liquid chromatography).

Análise de dados

Foram efectuadas cinco medições em réplicas de amostras para cada análise. Foram calculados a média e o desvio padrão. Foram testadas as diferenças entre os valores médios nos locais costeiros e interiores. A análise dos dados foi efectuada com o programa SPSS 15 para Windows.

Resultados

Teor de radionuclídeos

As concentrações de urânio e tório nas porções comestíveis das plantas cultivadas no solo de areia preta costeira atingiram geralmente valores mais elevados do que nas plantas cultivadas nos solos do interior (Figura 4.1, Tabela 4.4). Nas folhas de *E. sativa,* as concentrações de urânio e tório eram de 4,196 e 0,525 $BqKg^{-1}$ de peso seco, respetivamente, nas plantas cultivadas no solo do interior, mas estas concentrações aumentaram significativamente para 12,957 e 1,657 $BqKg^{-1}$ de peso seco, respetivamente, nas plantas cultivadas no solo de areia preta costeira. Do mesmo modo, as concentrações de urânio e tório nos frutos de *L. esculentum*, *P. guajava* e *M. indica* provenientes de solo de areia preta costeira foram significativamente mais elevadas do que as suas concentrações nas plantas cultivadas nos locais do interior.

Composição proximal e teor de macroelementos

As fibras brutas atingiram o valor de 0,737g/ 100g de peso seco nas folhas de *E. sativa* cultivadas nos locais do interior, enquanto no local costeiro de areia preta, o valor aumentou para 0,844g/ 100g de peso seco (Quadro 5.1). Este facto está associado à absorção de níveis elevados de urânio e tório e à sua acumulação nas partes comestíveis das plantas. Este facto também foi observado nos valores nutritivos, que aumentaram de 27,279 K.cal/ 100g de peso fresco nas plantas da zona interior para 32,461 K.cal/ 100g de peso fresco na zona costeira de areia preta. Em *L. esculentum,* a composição química não apresentou diferenças significativas entre os valores das plantas das zonas interiores e das plantas das zonas costeiras de areia preta, exceto no caso da proteína bruta, que diminuiu significativamente. Os hidratos de carbono totais e o valor nutritivo aumentaram com o aumento do teor de urânio e tório nas porções comestíveis das plantas cultivadas na zona costeira de areia preta. Para a *P. guajava* cultivada nas zonas interiores, o teor de humidade atingiu 88,469% e diminuiu significativamente para 83,582% com o aumento do teor de urânio e tório na zona costeira de areia preta. Pelo contrário, a restante composição química mostrou um aumento significativo com o aumento do urânio e do tório nas plantas (Quadro 5.1). Para *M. indica,* a composição proximal medida aumentou com a absorção de mais urânio e tório na zona costeira de areia preta. O teor de humidade atingiu 86,074% nas plantas cultivadas nas zonas interiores, enquanto diminuiu para 82,334% na zona costeira de areia preta.

Quanto ao teor de macroelementos (Figura 5.1, Quadro de Apêndice 5.1), o teor de K nas porções comestíveis de *E. sativa* e *L. esculentum* diminuiu com a absorção de urânio e tório, enquanto nas porções comestíveis de *P. guajava* e *M. indica,* os valores aumentaram com a acumulação de radionuclídeos. Em contraste com o teor de K, o teor de Na aumentou nas espécies de plantas cultivadas e diminuiu nas árvores de fruto com a absorção de mais urânio e tório nos tecidos das plantas. O teor de cálcio não apresentou uma tendência constante com o aumento do teor de urânio e tório nas plantas.

Composição das vitaminas

O conteúdo de vitamina A e vitamina C nas porções comestíveis das espécies de plantas estudadas é mostrado em Figura 5.2 e App. Tabela 5.1. O teor de vitamina A aumentou significativamente com o aumento das quantidades de urânio e tório nos tecidos de *L. esculentum* e *P. guajava* cultivados nas zonas interiores, com valores atingidos de 2113 e 822 UI/ 100g de peso fresco em ambas as espécies, respetivamente. Para as plantas cultivadas na zona costeira de areia preta, o teor de vitamina A atingiu 2468 e 892 UI/ 100g de peso fresco em ambas as espécies, respetivamente. Em *E. sativa* e *M. indica,* o teor de vitamina A diminuiu nas plantas da zona costeira de areia preta. A concentração de vitamina C (Figura 5.2) aumentou nas plantas cultivadas na zona costeira de areia preta, o que está associado a uma maior acumulação de urânio e tório nos tecidos das plantas.

Teor de compostos secundários e atividade antioxidante

Os compostos fenólicos totais variaram entre 102,521 mg/ 100g de peso fresco em frutos de *M. indica* e 161,98 mg/ 100g de peso fresco de frutos de *P. guajava* cultivados nos locais do interior (Figura 5.3, Tabela 5.2). No solo de areia preta costeira, os compostos fenólicos totais aumentaram para 129,123 mg / 100g de peso fresco em *M. indica* e 197,996 mg/ 100g de peso fresco em *P. guajava.* Quanto a *E. sativa* e *L. esculentum,* os compostos fenólicos totais não apresentaram diferenças significativas entre os locais costeiros e interiores. O teor de flavonóides totais atingiu valores mais baixos nas plantas cultivadas na zona costeira de areia preta do que nas plantas das zonas interiores.

A atividade antioxidante, medida como atividade de eliminação do radical livre DPPH, diminuiu com o aumento do teor de urânio e tório nos tecidos das plantas (Figura 5.4, Tabela 5.2). Para *P. guajava*, a atividade antioxidante atingiu o valor de 6,722% nas plantas cultivadas nos locais do interior e o valor de 7,062% nas plantas do local costeiro de areia preta.

Teor de clorofila e carotenos

As clorofilas totais nas folhas de *E. sativa* (Quadro 5.2) aumentaram de 727,00 mg/ 100g de peso fresco nas plantas das zonas interiores para 952,00 mg/ 100g de peso fresco nas plantas das zonas costeiras de areia preta. O teor de carotenóides totais registou um aumento significativo com o aumento do teor de urânio e de tório nas partes comestíveis das plantas. Apenas para *M. indica*, os carotenóides totais diminuíram com a absorção de urânio e tório de 9,481 para 7,234 mg/ 100g de peso fresco nas plantas da zona costeira de areia preta. O β-caroteno e o licopeno em *L. esculentum* apresentaram valores de 8,44, 3,135 e 9,520 mg/ 100g de peso fresco, respetivamente, nas plantas cultivadas nas zonas interiores. Para as plantas cultivadas na zona costeira de areia preta, os valores aumentaram para 9,862, 4,128 e 10,773 mg/ 100g de peso fresco, respetivamente.

Discussão

Num estudo anterior, Hegazy e Emam (2011) detectaram níveis mais elevados de urânio e tório nos tecidos de plantas selvagens cultivadas em solos de areia preta do que nos solos do interior. As respostas fisiológicas das plantas superiores ao ambiente têm sido amplamente estudadas em todo o mundo. Os stresses ambientais abióticos estão ligados a todos os processos de vida das plantas superiores e influenciam grandemente o crescimento e a produtividade das plantas (Gang *et al*., 2007; Hegazy *et al.,* 2011).

Quadro 5.1. Composições aproximadas (g/100 g de peso fresco da porção comestível) das espécies vegetais em estudo cultivadas na areia preta costeira e nos locais do interior. Os dados são expressos como média ± S.D (n=5).

Proximate Composition	*Eruca sativa*		*Lycopersicon esculentum*		*Psidium guajava*		*Mangifera indica*	
	Black sand	**Inland Site**	**Black sand**	**Inland Site**	**Black sand**	**Inland Site**	**Black sand**	**Inland Site**
Moisture Content (%)	92.159±0.164**	92.926±0.234	93.338±0.180	94.210±0.546	83.581±1.236**	88.469±0.163	82.334±0.202***	86.074±0.071
Ash (g/100 g)	1.404±0.029**	1.618±0.054	0.760±0.020	0.834±0.079	0.437±0.033*	0.361±0.005	0.331±0.004***	0.064±0.001
Crude Protein (g/100 g)	3.335±0.070***	2.120±0.070	0.813±0.022**	1.207±0.114	1.328±0.100	1.203±0.017	0.946±0.011***	1.284±0.007
Crude Fat (g/100 g)	0.669±0.014**	0.600±0.020	0.136±0.004*	0.112±0.011	2.09±0.158***	0.907±0.013	1.194±0.014***	0.840±0.004
Crude Fibers (g/100 g)	0.844±0.018**	0.737±0.025	0.779±0.021	0.680±0.064	4.597±0.346***	3.003±0.043	1.881±0.022***	1.629±0.009
Total Carbohydrates (g/100 g)	3.276±0.068	3.351±0.111	4.953±0.133**	3.636±0.343	12.558±0.946**	9.059±0.128	15.196±0.174***	11.739±0.060
Nutritive Value (K.Cal)	32.461±0.680***	27.279±0.902	24.289±0.656*	20.382±1.922	74.411±5.603**	49.214±0.694	75.312±0.861***	59.645±0.306

Estrelas sobrescritas diferentes para a mesma espécie indicam uma diferença significativa, - significativa a P<0,001; - significativa a P<0,01 e - significativa a P<0,05.

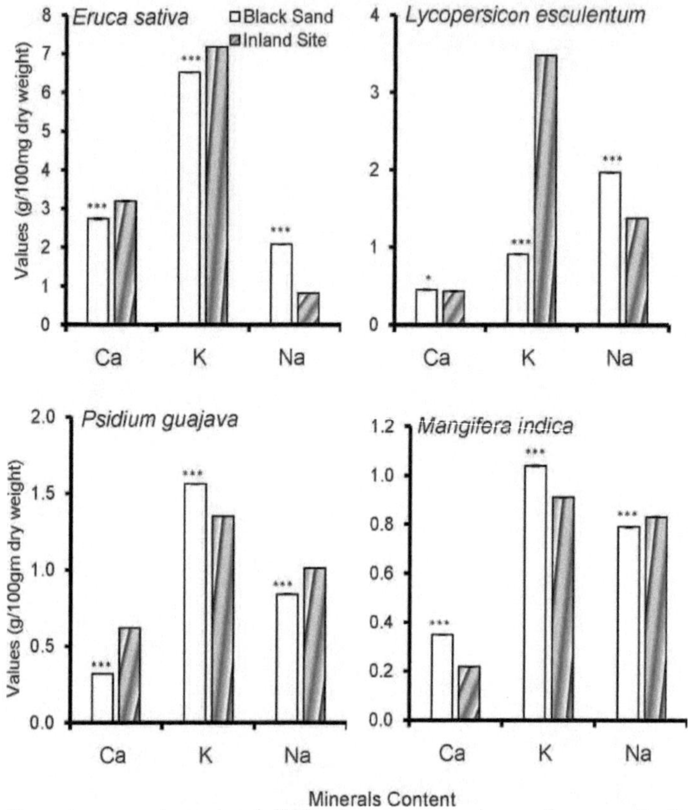

Figura 5.1. Teor de macroelementos (g/100g de peso seco da porção comestível) das quatro espécies de plantas cultivadas na areia preta costeira e nos locais do interior. A barra vertical à volta da média representa o desvio padrão. As estrelas indicam diferenças significativas, *** significativo a P<0,001;
** significativo a P<0,01 e * significativo a P<0,05.

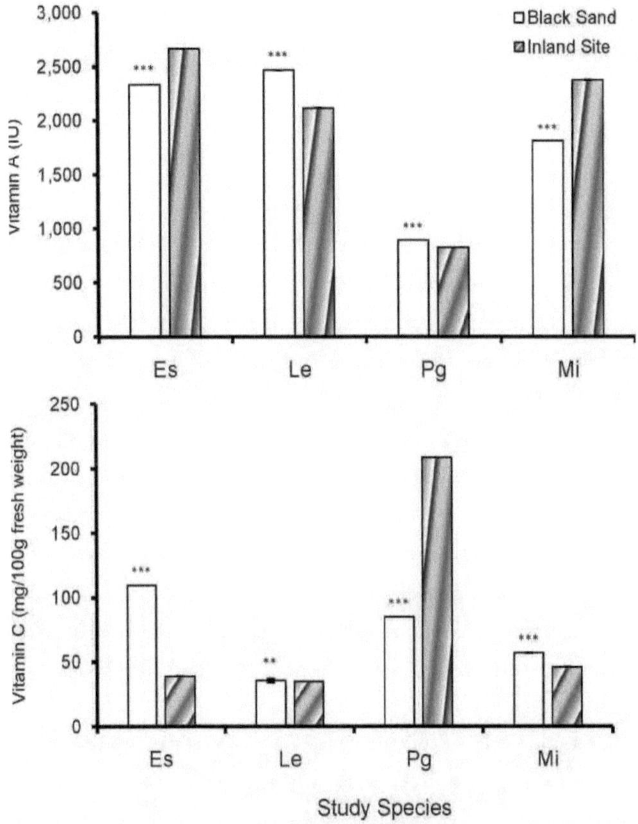

Figura 5.2. Composição de vitaminas (mg/100 g de peso fresco da porção comestível) das quatro plantas cultivadas em estudo, *Eruca sativa* (Es), *Lycopersicon esculentum* (Le), *Psidium guajava* (Pg) e *Mangifera indica* (Mi), cultivadas na areia preta costeira e nos locais do interior. A barra vertical à volta da média representa o desvio padrão. As estrelas indicam diferenças significativas, *** significativo a P<0,001; ** significativo a P<0,01 e * significativo a P<0,05.

Embora alguns metais sejam necessários para os processos biológicos, são tóxicos em concentrações elevadas. Isto deve-se à sua capacidade oxidativa de formar radicais livres e à sua capacidade de substituir metais essenciais nas enzimas, interrompendo a sua atividade normal. Outros metais não são essenciais e acumulam-se em diferentes organismos, tornando-se tóxicos mesmo em baixas concentrações (Velasquez e Dussan, 2009).

A composição proximal e o teor de macronutrientes revelaram que os teores elevados de urânio e tório nos tecidos das plantas estavam associados a um aumento significativo dos hidratos de carbono totais, cinzas, fibras brutas, gorduras brutas e valores nutritivos das quatro espécies estudadas. Estes resultados estão de acordo com os resultados obtidos por Afifi *et al.* (2004) que encontraram um aumento nos açúcares solúveis totais com o aumento da concentração de urânio e tório nas folhas de *Capparis spinosa*. Verificou-se que o teor de proteínas totais diminuiu devido à absorção de mais urânio e tório em plantas de solo de areia preta costeira. Esta constatação é apoiada por Strivastava *et al.* (2010), que registaram um declínio no nível de proteínas solúveis totais em *Hydrilla veticillata* após exposição ao urânio, em comparação com o tratamento de controlo. Isto é contrário aos resultados de Bajpai *et al.* (2010) que revelaram uma correlação positiva entre o teor de proteínas e o teor de metais pesados da planta. A inibição da acumulação de proteínas induzida por concentrações mais elevadas de metais pesados pode ser atribuída à toxicidade destes metais nas reacções enzimáticas responsáveis pela biossíntese de proteínas (Nassar, 2000; Rai *et al.*, 1991).

O aumento do teor de urânio e tório nas porções comestíveis das espécies em estudo causou um declínio geral no teor de Ca, K e Na. Esta observação pode ser explicada pela presença de uma competição pela absorção entre radionuclídeos e outros catiões presentes no solo, como Zn, Mg, K, Na e Ca (Vanhoudt *et al.*, 2008).

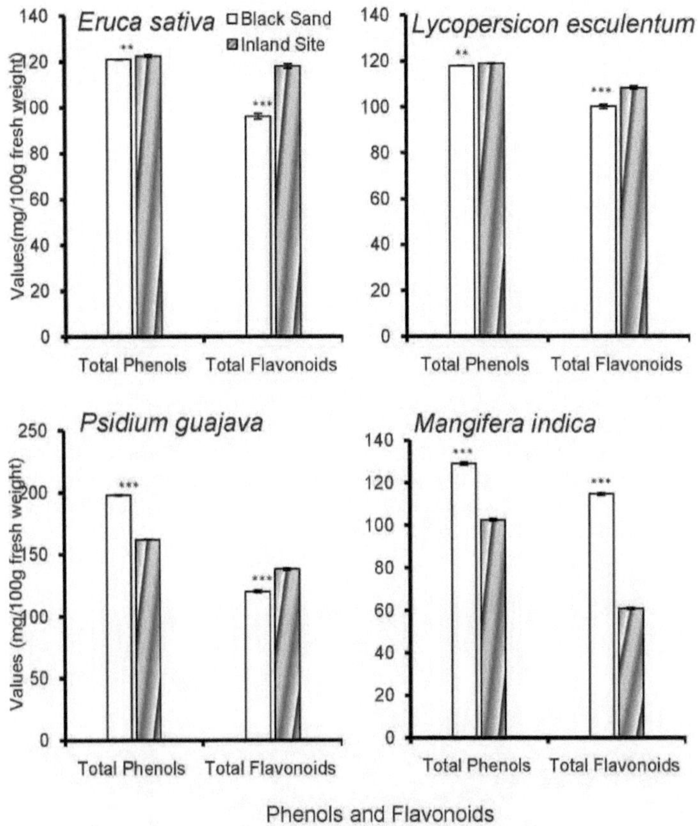

Figura 5.3. Compostos fenólicos totais e teor de flavonóides totais (mg/100 g de peso fresco da porção comestível) das quatro espécies de plantas estudadas cultivadas na areia preta costeira e nos locais do interior. A barra vertical à volta da média representa o desvio padrão. As estrelas indicam diferenças significativas, *** significativo a P<0,001; ** significativo a P<0,01 e * significativo a P<0,05.

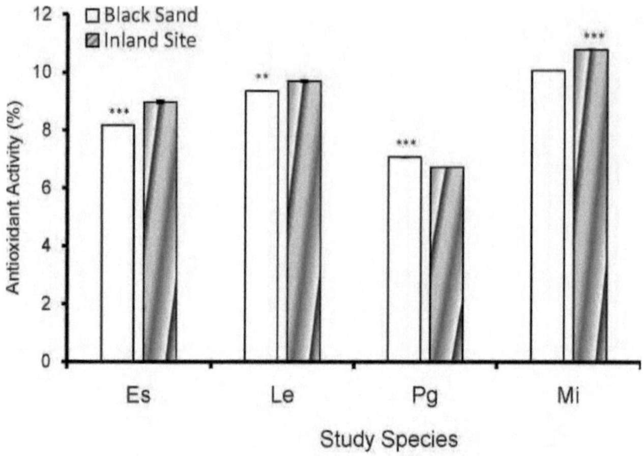

Figura 5.4. Atividade antioxidante (%) das quatro plantas estudadas, *Eruca sativa* (Es), *Lycopersicon esculentum* (Le), *Psidium guajava* (Pg) e *Mangifera indica* (Mi), cultivadas na areia preta costeira e nos locais do interior. A barra vertical à volta da média corresponde ao desvio padrão. As estrelas indicam diferenças significativas, *** significativo a P<0,001; ** significativo a P<0,01 e * significativo a P<0,05.

Tabela 5.2. Teor total de clorofila e carotenos (mg/100 g de peso fresco da porção comestível) das espécies vegetais em estudo cultivadas na areia preta costeira e nos locais do interior. Os dados são expressos como média± S.D (n=5).

Study Species	Study Soil	Total Chlorophyll (mg/100gm)	Carotenes Content (mg/100gm)		
			Total Carotenoids	β-Carotene	Lycopene
Eruca sativa	Black sand	952.000±2.000***	1.315±0.005***	—	—
	Inland Site	727.000±2.000	0.935±0.005	—	—
Lycopersicon esculentum	Black sand	—	9.862±0.003***	4.128±0.007***	10.773±0.003***
	Inland Site	—	8.440±0.003	3.135±0.005	9.520±0.030
Psidium guajava	Black sand	—	3.563±0.001***	4.112±0.003***	—
	Inland Site	—	3.288±0.001	7.633±0.031	—
Mangifera indica	Black sand	—	7.234±0.001***	4.983±0.003***	—
	Inland Site	—	9.481±0.003	2.174±0.004	—

Estrelas sobrescritas diferentes para a mesma espécie indicam uma diferença significativa, ••• significativo a P<0,001; •• significativo a P<θ.θ1 e • significativo a P<0,05.

O teor de vitamina C foi negativamente afetado pelo elevado teor de urânio e tório nos tecidos das plantas. Como se espera da sua função antioxidante no metabolismo das plantas, o nível de vitamina C é sensível a uma grande variedade de factores de stress ambiental, incluindo elementos radioactivos (Raffo *et al.* 20006). Do mesmo modo, verificou-se que o teor de flavonóides totais diminuiu nas plantas de zonas costeiras de areia preta com a absorção de quantidades elevadas de urânio e tório. Do mesmo modo, o estudo de Morsy e Afifi (2008) sobre algumas espécies de plantas selvagens cultivadas em solos radioactivos naturais revelou que o U tem um efeito negativo no teor de flavonóides. Em contraste com os minerais, a vitamina C e o teor de flavonóides, os compostos fenólicos aumentaram significativamente com o aumento das quantidades de urânio e tório nas plantas. Este resultado está de acordo com o obtido por Srivastava *et al.* (2010), onde os compostos fenólicos totais apresentaram um aumento significativo em resposta à exposição ao urânio.

Os compostos fenólicos, que fazem parte do grupo de metabolitos secundários com maior ocorrência, têm uma importância adaptativa considerável nas plantas, uma vez que desempenham um papel importante no crescimento, reprodução e proteção contra agentes patogénicos e predadores (Balasundram *et al.*, 2006; Raffo *et al.*, 2006). Os compostos fenólicos exibem uma vasta gama de propriedades fisiológicas e têm sido associados a benefícios para a saúde (Balasundram *et al.*, 2006). A atividade antioxidante dos compostos fenólicos deve-se à sua capacidade de eliminar radicais livres, doar átomos de hidrogénio ou electrões ou quelatar catiões metálicos. O papel dos antioxidantes na prevenção da citotoxicidade induzida por radicais de oxigénio e peróxido de hidrogénio e dos danos nos tecidos é cada vez mais reconhecido. A importância dos constituintes antioxidantes dos materiais vegetais está relacionada com a manutenção da saúde e a proteção contra doenças (Anila e Vijayalakshmi, 2003).

A atividade antioxidante das frutas e legumes é um aspeto importante do seu valor nutricional, uma vez que as moléculas antioxidantes têm um papel fundamental na desintoxicação dos radicais livres, tanto nas plantas como nos seres humanos (Barbieri *et al.*, 2011). É sabido que a quantidade de cada antioxidante nos frutos de tomate é fortemente influenciada por diferenças varietais (influência genética), para além de parâmetros agronómicos, geográficos e ambientais (Tedeschi *et al.*, 2011). O licopeno, pigmento isoprenóide vermelho do tomate, constitui cerca de 8090% do teor total de carotenóides (Tedeschi *et al.*, 2011). Estudos epidemiológicos recentes demonstraram que a suplementação de dietas ricas em licopeno está associada à redução do risco de muitas doenças crónicas, como o cancro e as doenças cardíacas (Kotikova *et al.*, 2011). A atividade antioxidante do licopeno tem sido amplamente avaliada com base na sua capacidade de eliminar os radicais livres em cultura de células e em modelos animais. O aumento dos danos no ADN e os níveis elevados de peroxidação lipídica em hepatócitos irradiados com γ são acompanhados por uma diminuição dos eliminadores de radicais livres. O pré-tratamento com licopeno resultou num aumento dos níveis destes antioxidantes. Isto pode ser atribuído à capacidade do licopeno para atuar como antioxidante e supressor do oxigénio singlete (Srinivasan *et al.*, 2007).

Os teores totais de clorofila e caroteno estão positivamente correlacionados com os teores de urânio e tório das espécies vegetais em estudo. Os teores de β-caroteno e licopeno foram positivamente influenciados por quantidades elevadas de urânio e tório nos tecidos das plantas. Os nossos resultados estão de acordo com os resultados de Bajpai *et al.* (2010), que concluíram que os carotenóides têm uma correlação positiva significativa com a acumulação de metais. Em alternativa, os resultados obtidos por Huang e Wang (2010) provaram uma diminuição notável do teor de clorofila a, clorofila b, clorofila (a+b) e carotenóides nas folhas de plantas de mangal expostas a vários metais pesados. Os carotenóides são componentes essenciais para o aparelho fotossintético das plantas, que participam na adaptação dos plastídeos às alterações das condições ambientais e previnem os danos foto-oxidativos do aparelho fotossintético (Huang e Wang, 2010). Estudos anteriores relataram um aumento (Drazkiewicz e Baszyήski, 2005), e diminuição ou nenhuma mudança (Ekmekci *et al.*, 2008) no conteúdo de carotenóides das plantas em resposta ao stress metálico. Eles estão presentes como microcomponentes em frutas e vegetais e representam importantes fontes dietéticas de vitamina A (Rao e Rao, 2007). A acumulação de carotenóides é frequentemente considerada como um dos mecanismos para contrariar as tensões (Young e Lowe, 2001). A acumulação de carotenóides é frequentemente considerada como um dos mecanismos para contrariar o stress nos organismos. O papel do β-caroteno como supressor de 1O2 foi estabelecido em plantas e algas (El-Naggar, 2004). Um aumento significativo do teor de caroteno, observado sob stress de metais tóxicos, pode oferecer proteção à clorofila e à membrana fotossintética contra danos foto-oxidativos (Siefermann-Harms, 1987).

Conclusões

Sabe-se que ocorrem várias interações quando as plantas são expostas a concentrações de stress de mais de um elemento (Bajbai *et al.*, 2010). Tal como indicado no presente estudo, as concentrações nos tecidos de metabolitos de elevado valor, como a vitamina C, os compostos fenólicos, os flavonóides, o licopeno e o β-caroteno e outros compostos antioxidantes, são variáveis sob stress ambiental, o que pode provocar a biossíntese de moléculas que respondem ao stress (Barbieri *et al.*, 2011). Vários factores de stress, incluindo a exposição a metais tóxicos e minerais radioactivos, podem conduzir a um estado de stress oxidativo que inibe uma série de actividades enzimáticas nas plantas, em particular as do ciclo de Calvin (Chaoui *et al.*, 1997). Geralmente, os minerais poluentes perturbam o equilíbrio oxidativo e, por conseguinte, uma medida paliativa importante é a indução de antioxidantes (Vega *et al.*, 2006). A indução de compostos e enzimas antioxidantes é de grande importância para aumentar a tolerância das plantas contra diferentes tipos de stress (Tripathi *et al.*, 2006).

O estudo do teor de radionuclídeos em plantas cultivadas na zona costeira de areia preta revelou a sua capacidade de acumular elevadas concentrações de urânio e tório nas porções comestíveis. As respostas bioquímicas indicaram que alguns conteúdos nutricionais das plantas, incluindo proteínas, humidade, minerais, vitamina C e flavonóides totais, mostraram uma correlação negativa com o teor de urânio e tório. Os hidratos de carbono, as gorduras brutas, as fibras brutas, o valor nutritivo, os compostos fenólicos, as clorofilas, os carotenos, o β-caroteno e o licopeno foram significativamente aumentados pela elevada concentração de urânio e tório nas porções comestíveis das plantas cultivadas. Os resultados indicaram que o valor nutritivo e os constituintes bioquímicos das quatro plantas cultivadas em estudo foram negativamente afectados pelas concentrações elevadas de radionuclídeos nos tecidos das plantas. As variações entre o aumento e a supressão do teor de compostos fenólicos das espécies vegetais estudadas são consideradas como um mecanismo de defesa antioxidante para controlar o estado redox dos tecidos vegetais que contêm concentrações elevadas de radionuclídeos . Os resultados deste estudo recomendam a possível utilização de terras costeiras de areia preta na agricultura para a produção de alimentos vegetais comestíveis. As potenciais culturas vegetais devem ser testadas e selecionadas com base nas suas adaptações bioquímicas e genecológicas e nos seus mecanismos de defesa para controlar a absorção e a acumulação de radionuclídeos excessivos nas partes comestíveis.

Referências

Abrahams, P.W. (2002). Solos: suas implicações para a saúde humana. The Science of the Total Environment, **291**:1-32.

Afifi, S.Y.; Moawad, F.A.; Ali, N.E. e Ahmed, M.A. (2004). Impacto dos elementos radioactivos nos constituintes bioquímicos de algumas plantas selvagens, Sinai Central Ocidental, Egito. Boletim da Faculdade de Ciências, **72**: 1-21.

Allen, L.B.; Sitonen, P.H. e Thomposon, H.C. (1997). Methods for the determination of arsenic, cadmium, copper, lead and tin in sucrose, corn syrups and high fructose corn syrups by inductively coupled plasma atomic emission spectrometry. Journal of Agricultural and Food Chemistry, **45**(1), 162-165.

Anila, L. e Vijayalakshmi, N.R. (2003). Ação antioxidante dos flavonóides de *Mangifera indica* e *Emblica officinalis* em ratos hipercolesterolémicos. Food Chemistry, **83**: 569-574.

A.O.A.C. (2000). Official Methods of Analysis of the Association of Official Analytical Chemist. 14th cd Washington, D.C.

A.O.A.C. (1995). Official Methods of Analysis of the Association of Official Analytical Chemist. 16th cd Washington, D.C.USA.

Bajpaia, R.; Upretia, D.K.; Nayakaa, S. e Kumari, B. (2010). Biodiversidade, bioacumulação e alterações fisiológicas em líquenes que crescem nas proximidades de uma central térmica a carvão no distrito de Raebareli, norte da Índia. Journal of Hazardous Materials, **174**: 429-436.

Balasundram, N.; Sundram, K. e Samman, S. (2006). Compostos fenólicos em plantas e subprodutos agro-industriais: Antioxidant activity, occurrence, and potential uses. Food Chemistry, **99:** 191-203.

Barbieri, G.; Bottino, A.; Di Stasio, E.; Vallone, S. e Maggio, A. (2011. Prolina e luz como melhoradores de qualidade da rúcula (*Eruca sativa* Miller) cultivada em condições salinas. Scientia Horticulturae, **128:** 393-400.

Beadle, B.W. e Zscheile, F.P. (1942). Estudos sobre os carotenóides II. A isomerização da análise do β-caroteno. Journal of Biological Chemistry. **144**: 21-33.

Chaoui, A.; Mazhoudi, S.; Ghorbal, M.H. e El Ferjani, E. (1997). Indução de cádmio e zinco na peroxidação de lípidos e efeitos nas actividades de enzimas antioxidantes no feijão (*Phaseolus vulgaris L.*). Ciência das Plantas, **127**:139-147.

Charoensiri, R.; Kongkachuichai, R.; Suknicom, S. e Sungpuag, P. (2009). Beta-caroteno, licopeno e conteúdo de alfa-tocoferol de frutos tailandeses selecionados. Food Chemistry, **113**: 202-207.

Desideri, D.; Meli, M.A.; Roselli, C. e Feduzi, L. (2011). Espectrometria alfa e gama para a determinação de radionuclídeos naturais e artificiais em chá, chá de ervas e camomila comercializados em Itália. Microchemical Journal, **98**: 170-175.

Drazkiewicz, M. e Baszyi'iski, T. (2005). Parâmetros de crescimento e pigmentos fotossintéticos em segmentos de folhas de *Zea mays* expostos ao cádmio, relacionados com mecanismos de proteção. mecanismos de proteção. Jornal de Plantas Fisiologia, **162**: 1013-1021.

Dubois, M.; Smith, F.; Gilles, K.A.; Hamilton, J.K. e Rebers, P.A. (1956). Método calorimétrico para a determinação de açúcares e substâncias afins. Analytical Chemistry, **28**(3): 350-356.

Ekmekci, Y.; Tanyola?, D. e Ayhan, B. (2008). Efeitos do cádmio nas enzimas antioxidantes e nas actividades fotossintéticas em folhas de duas cultivares de milho. Journal of Plant Physiology, **165**: 600-611.

El-Naggar, A.H. (2004). Efeito tóxico do cobre no crescimento, pigmento, proteínas e algumas enzimas de assimilação de azoto na cianobactéria diazotrófica *Anabaena variabilis.* Egyptian Journal of Phycology, **5**: 83-95.

FAO (2003). Energia Alimentar - Métodos de Análise e Factores de Conversão. Relatório de um workshop técnico. FAO Food and Nutrition Paper 77, Roma, Itália.

Gang, W.; Zhen-Kuan, W.; Yong-Xiang, W.; Li-Ye, C. e Hong-Bo, S. (2007). As respostas mútuas das plantas superiores ao ambiente: Aspectos fisiológicos e microbiológicos. Colloid. Surface. B, **59**: 113119.

Goupila, P.; Souguira, D.; Ferjani, E.; Faure, O. e Hitmid, A. (2009). Ledoigt, G. Expressão de genes relacionados com o stress em plantas de tomate expostas a arsénio e crómio em solução nutritiva. Journal of Plant Physiology, **166:** 1446-1452.

Hegazy, A.K. e Emam, M.H. (2011). Acumulação e transferência de radionuclídeos do solo para a planta nos habitats de areia preta costeira do delta do Nilo. Revista Internacional de Fitorremediação, **13**:140-155.

Hegazy, A.K.; Emam, M.H. e Alatar, A.A. (2011). Crescimento e atributos reprodutivos de fitorremediadores de radionuclídeos nas areias negras costeiras do Mediterrâneo. Revista Africana de Biotecnologia, **10** (74): 16781-16792.

Holden, M. (1965). Chlorophylls. In chemistry and biochemistry of plant pigment. Ed. Goodwin, T.W., Academic press, Londres, 462 p.

Huang, G.-Y. e Wang, Y.-S. (2010). Respostas fisiológicas e bioquímicas nas folhas de duas mudas de plantas de mangue (*Kandelia candel* e *Bruguiera gymnorrhiza*) expostas a múltiplos metais pesados. Journal of Hazardous Materials, **182:** 848-854.

Hung, P.V. e Morita, N. (2008). Distribuição de compostos fenólicos nas farinhas graduadas moídas a partir de grãos de trigo sarraceno inteiros e as suas capacidades antioxidantes. Journal of Food Chemistry, **109**(2): 325-331.

Iqbal, H.; Lajber, K.; Murad, A.K.; Farma, U.K.; Sultan, A. A. e Farid, U.K. (2010). Perfil de análise espectrofotométrica UV do ácido ascórbico em plantas medicinais do Paquistão. Revista Mundial de Ciências Aplicadas, **9**(7): 800803.

Kazy, S.K.; D'Souza, S.F. e Sar, P. (2009). Sequestro de urânio e tório por uma Pseudomonas sp.: mecanismo e caraterização química. Journal of Hazardous Material, **163**: 65-72.

Kotikova, Z.; Lachman, J.; Hejtmánková, A. e Hejtmánková, K. (2011). Determinação da atividade antioxidante e do teor de antioxidantes em variedades de tomate e avaliação das interações mútuas entre antioxidantes. LWT - Ciência e Tecnologia Alimentar, **44**(8):1703-1710.

Lee, J.C.; Kim, H.R.; Kim, J. e Jang, Y.S. (2002). Propriedade antioxidante de um extrato de etanol do caule de *Opuntia fiunsindica* var. Saboten. Journal Agricultural and Food Chemistry, **50**: 6490-6496.

Meda, A.; Lamien, C.E.; Romito, M.; Millogo, J. e Nacoulma, O.G. (2005). Determinação do teor total de fenólicos, flavonóides e prolina no mel do Burkina Fasan, bem como da sua atividade de eliminação de radicais. Química Alimentar, **91:** 571-577.

Mishra, S.; Srivastava, S.; Tripathi, R.D.; Govindarajan, R.; Kuriakose, S.V. e Prasad, M.N.V. (2006). Phytochelatin synthesis and response of antioxidants during cadmium stress in *Bacopa monnieri* L. Plant Physiology and Biochemistry, **44**: 25-37.

Misson, J.; Henner, P.; Morello, M.; Floriani, M.; Wu, T.-D.; Guerquin-Kern, J.-L. and Fevrier, L. Use of phosphate to avoid uranium toxicity in Arabidopsis thaliana leads to alterations of morphological and physiological responses regulated by phosphate availability. Botânica Ambiental e Experimental, **67**(2): 353-362.

Morsy, A.M.A.e Afifi S.Y. (2008). Monitorização de algumas espécies de plantas selvagens cultivadas em solos radioactivos naturais, área de Wadi El-Gemal, deserto do sudeste, Egito. Jornal Árabe de Ciências e Aplicações Nucleares, **41**(3), 51-69.

Mosquera, B.; Carvalho, C.; Veiga, R.; Mangia, L. e Anjos, R.M. (2006). Distribuição do 137Cs em árvores de fruto tropicais após contaminação do solo. Botânica Ambiental e Experimental, **55**: 273-281.

Nassar, M.Z. (2000). Estudos ecofisiológicos sobre o fitoplâncton ao longo da costa ocidental do Golfo do Suez. Tese de doutoramento. Faculdade de Ciências, Universidade de Tanta, Egito.

Neeld, J.b. e Pearson, W.N. (1963). Macro e micrométodos para a determinação da vitamina A sérica utilizando ácido trifluroacético. Journal of Nutrition, **79**(63): 454-462.

Nwinuka, N.M.; Ibeh, G.O. e Ekeke, G.I. (2005). Composição aproximada e nível de alguns tóxicos (anti-nutrientes) em quatro especiarias comummente consumidas. Journal of Applied Science and Environment, **9**(1): 150-155.

Raffo, A.; La Malfa, G.; Fogliano, V.; Maiani, G. e Quaglia, G. (2006). Variações sazonais nos componentes antioxidantes do tomate cereja (*Lycopersicon esculentum* cv. Naomi F1). Journal of Food Composition and Analysis, **19**: 11-19.

Rai, L.C.; Mallick, N.; Singh, J.B. e Kumar, H.D. (1991). Caraterísticas fisiológicas e bioquímicas de uma estirpe tolerante ao cobre e de uma estirpe de tipo selvagem de *Anabaena doliolum* sob stress de cobre. Journal Plant Physiology, **138**:68-74.

Rao, A.V. e Rao, L.G. (2007). Revisão convidada. Carotenóides e saúde humana. Pharmacological Research, **55**: 207-216.

Patthamakanokporn, O.; Puwastien, P.; Nitithamyong, A. e Sirichakwal, P.P. (2008). Alterações da atividade antioxidante e dos compostos fenólicos totais durante o armazenamento de frutos selecionados. Journal of Food Composition and Analysis, **21**: 241-248.

Shaole, W.; Xinbang, F. e Wittmeier, A. (1997). Digestão por micro-ondas de materiais de referência de grãos de plantas em ácido nítrico ou mistura de ácido nítrico e peróxido de hidrogénio para a determinação de multi-elementos por espetrometria de massa com plasma indutivamente acoplado. Journal of Analytical Atomic Spectrometry, **12**(3): 797-806.

Shtangeeva, I.; Ayrault, S., e Jain, J. (2005). Thorium uptake by wheat at different stages of plant growth (Absorção de tório pelo trigo em diferentes fases de crescimento da planta). Journal of Environmental Radioactivity, **81**: 283-293.

Siefermann-Harms D. (1987). The light-harvesting and protective functions of carotenoids in photosynthetic membranes. Physiology of Plant, **69**:561568.

Soliman, M.S.A.; Hegazy, A.K.; Goda, S.K.; Emam, M.H. e Alatar, A.A. (2011). Citotoxicidade e efeitos mutagénicos de radionuclídeos do solo em algumas areias negras. Jornal de Ecologia Mediterrânica, **11**: 5-20.

Srinivasan, M.; Sudheer, A. R.; Pillai, R. K.; Kumar, P.R.; Sudhakaran, P.R. e Menon, V.P. (2007). O licopeno como protetor natural contra danos no ADN induzidos pela radiação γ, peroxidação lipídica e estado antioxidante em cultura primária de hepatócitos de rato isolados in vitro. Biochimica et Biophysica Ata, **1770**: 659-665.

Srivastava, S.; Bhainsa, K.C. e D'Souza, S.F. (2010). Investigação do potencial de acumulação de urânio e respostas bioquímicas de uma erva daninha aquática *Hydrilla verticillata* (L.f.) Royle. Bioresource Technology, **101**: 2573-2579.

Tedeschi, P.; Coisson, J.D.; Maietti, A.; Cereti, E.; Stagno, C.; Travaglia, F.; Arlorio, M. e Brandolini, V. (2011). Análise combinada de quimiotipo e genótipo aplicada à rastreabilidade analítica do tomate

(*Lycopersicon esculentum* Mill.). Journal of Food Composition and Analysis, **24**: 131-139.

Tee, E.S. e Lim, C.L. (1991). Composição e teor de carotenóides de legumes e frutas da Malásia pelo método AOAC e HPLC. Food Chemistry, **41**: 309-339.

Tissandie, E.; Gueguena, Y.; Lobaccarob, J.M.A.; Grandcolas, L.; Aiguepersea, J.; Gourmelona, P. e Souidi, M. (2008). O urânio enriquecido afecta a expressão do recetor da vitamina D e do recetor do retinoide X no rim de rato. Journal of Steroid Biochemistry & Molecular Biology, **110**: 263-268.

Tripathi, B.N.; Mehta, S.K.; Amar, A e Gaur J.P. (2006). Oxidative stress in *Scenedesmus* sp. during short and long-term exposure to Cu^{2+} and Zn^{2+}.
Chemosphere; **62**: 538-544.

Vanhoudt, N.; Vandenhove, H.; Smeets, K.; Remans, T.; Van Hees, M.; Wannijn, J.; Vangronsveld, J. e Cuypers, A. (2008). Efeitos das concentrações de urânio e fosfato nas respostas relacionadas com o stress oxidativo induzidas em *Arabidopsis thaliana*. Fisiologia e Bioquímica Vegetal, **46**: 987-996.

Vega, J.M.; Garbayo, I.; Dominguez, M.J. e Vigara, J. (2006). Efeito do stress abiótico sobre a fotossíntese e a respiração em *Chlamydomonas reinhardtii*. Indução de stress oxidativo. Enzymology and Microbial Technology, **40**:163-167.

Vetesquez, L. e Dussan, J. (2009). Biosorção e bioacumulação de metais pesados em biomassa morta e viva de *Bacillus sphaericus.* Journal of Hazardous Materials, **167**: 713-716.

Young, A.J. e Lowe, G.M. (2001). Antioxidante e prooxidante e propriedades dos carotenóides. Archives of Biochemistry and Biophysics, **385**:20-27.

6. MUTAGÉNESE INDUZIDA E GENOTOXICIDADE POR RADIONUCLÍDEOS ACUMULADOS DETECTADOS POR PERFIS RAPD-DNA E PROTEÓMICA

Resumo. A avaliação dos efeitos mutagénicos e dos danos no ADN induzidos por elementos radioactivos a nível molecular é importante em ecotoxicologia. No presente estudo, o teor de radionuclídeos foi determinado em quatro espécies de plantas cultivadas, nomeadamente *Eruca sativa* M., *Lycopersicon esculentum* L., *Pasidium guajava* L. e *Mangifera indica* L., cultivadas em solo de areia preta. Os resultados revelaram a capacidade das plantas para acumular uma quantidade considerável de urânio e tório nas porções comestíveis. Os radionuclídeos absorvidos induziram danos no ADN, conforme indicado por variações nas intensidades das bandas, perda da banda normal e aparecimento de novas bandas nos perfis RAPD, em comparação com plantas com baixo teor de radionuclídeos. O elevado teor de urânio e tório nos tecidos das plantas provocou algumas alterações no SDS-PAGE das proteínas, reflectidas por alterações na mobilidade relativa e nas intensidades das bandas, na expressão de novas proteínas e na supressão de algumas proteínas. Conclui-se que o elevado teor de urânio e tório induz mutagénese e genotoxicidade nas quatro espécies de plantas cultivadas. O polimorfismo do ADN detectado por análise RAPD e SDS-PAGE de proteínas pode ser utilizado como ferramenta de investigação em toxicologia ambiental e como biomarcador útil para a deteção da genotoxicidade causada pela poluição por radionuclídeos nas plantas.

Introdução

O estudo da transferência de urânio e tório do solo para as plantas comestíveis através da absorção radicular é muito importante, especialmente tendo em conta a acumulação destes radionuclídeos nas cadeias alimentares (Shtangeeva, 2010). Os elementos radioactivos e os metais pesados são elementos químicos geralmente definidos pela sua densidade superior a 5 g cm^{-3}. Na base da sua toxicidade química, geram espécies reactivas de oxigénio, provocando assim danos no ADN e a peroxidação lipídica das membranas (Preveral, *et al.*, 2006). Os radionuclídeos podem induzir efeitos deletérios no biota através de vias químicas e radiológicas. Devido à sua dupla toxicidade, o U representa um desafio relativamente único para os (eco)toxicologistas. No entanto, a sua toxicidade não foi, surpreendentemente, objeto de um estudo exaustivo para o biota não humano (Barillet *et al.*, 2011).

A maior parte dos estudos sobre a genotoxicidade das plantas está relacionada com a induzida por metais pesados como o Cd, o Hg, o Cr e o Zn, mas os estudos sobre a genotoxicidade dos radionuclídeos são muito raros e realizados sobretudo em mamíferos. Os efeitos genotóxicos do Cd nas plântulas de cevada (*Hordeum vulgare* L) foram estudados por Lui *et al.* (2005) e os resultados revelaram que a estabilidade do modelo genómico foi significativamente afetada a uma concentração elevada de Cd. Cenkci *et al.* (2009) também detectaram danos no ADN nas raízes e nas folhas de plântulas de feijão (*Phaseolus vulgaris* L) após a absorção de Hg, B, Cr e Zn. O estudo da genotoxicidade e dos efeitos mutagénicos do urânio e do tório foi realizado por Soliman *et al.* (2011) em algumas plantas selvagens que crescem naturalmente em solo de areia preta e o estudo revelou uma elevada citotoxicidade e genotoxicidade nas populações de plantas estudadas, indicada por uma elevada percentagem de aberrações cromossómicas em diferentes fases mitóticas. Além disso, os radionuclídeos absorvidos induziram alterações no SDS-PAGE de proteínas, indicadas pela expressão de novas proteínas e pela supressão de algumas proteínas nas plantas estudadas.

Foram realizados vários estudos sobre as concentrações de radionuclídeos de ocorrência natural em géneros alimentícios provenientes de zonas normais de fundo, como os relativos a ^{238}U, ^{226}Ra, ^{232}Th e ^{210}Pb. A ingestão diária de ^{238}U e ^{232}Th foi comunicada como sendo de 1,9 mg e 3 mg, respetivamente, para o homem de referência da ICRP (Jhaa *et al.*, 2012), enquanto os valores UNSCEAR propostos para toda a população mundial (média global) são de 15,6 mBq (1,3 mg) para ^{238}U e 4,6 mBq (1,1 mg) para ^{232}Th (Jhaa *et al.*, 2012). A toxicidade química dos elementos radioactivos pode ser semelhante à dos metais pesados; no entanto, uma atividade ionizante associada ao decaimento radioativo pode resultar em efeitos tóxicos adicionais para a planta (Shtangeeva *et al.*, 2005). O efeito prejudicial para a vida causado pelos metais vestigiais pode ser exercido através da sua capacidade de se combinarem com biomoléculas, especialmente proteínas, podendo assim atuar como potentes inibidores de enzimas, dificultando os processos bioquímicos e comprometendo o ADN e a integridade das membranas celulares (Poli *et al.*, 2009). A relação entre a poluição química e as alterações nos processos bioquímicos dos organismos expostos é de grande importância na investigação ambiental. Os dados moleculares podem fornecer informações para compreender o impacto ambiental dos factores de stress químico e ajudar a encontrar biomarcadores adequados para a exposição (Vannini *et al.*, 2011). Uma vez que mesmo os metais essenciais podem ser tóxicos para os organismos vivos, numerosos genes regulam rigorosamente as suas concentrações intracelulares. Uma vez que os metais não são metabolizados, foram desenvolvidas diferentes estratégias de desintoxicação durante a evolução para fazer face à sua toxicidade. No citosol, eles podem ser conjugados com glutationa, aminoácidos, metalotioneínas ou fitoquelatinas para serem, na última etapa, sequestrados num compartimento menos sensível, como o vacúolo, ou excretados para fora da célula (Preverala *et al.,* 2006).

Os produtos químicos tóxicos induzem várias respostas de stress celular e danos em diferentes componentes celulares, como as membranas, as proteínas e o ADN (Jimi *et al.*, 2004). Vários estudos utilizaram os ensaios de aberração cromossómica, micronúcleo ou cometa para medir os efeitos das genotoxinas nas plantas (Yildiz *et al.*, 2009). As vantagens de medir os efeitos dos produtos químicos genotóxicos diretamente no ADN estão principalmente relacionadas com a sensibilidade e o curto tempo de resposta. Recentemente, os avanços na biologia molecular levaram ao desenvolvimento de uma série de ensaios selectivos e sensíveis para a análise do ADN em ecogenotoxicologia. O ADN polimórfico amplificado aleatório (RAPD) pode ser utilizado para detetar a genotoxicidade e as diferenças nos perfis RAPD podem ser claramente demonstradas quando se comparam as impressões digitais de ADN de indivíduos não tratados e tratados com agentes genotóxicos (Cenkci *et al.*, 2009).

A proteómica, ou a análise sistemática das proteínas expressas por um genoma, é uma ferramenta poderosa não só para descrever proteomas completos a nível de organelos, células, órgãos ou tecidos, mas também para comparar proteomas afectados por diferentes condições fisiológicas, por exemplo, as resultantes da exposição a metais pesados ou a vários outros factores ambientais stressantes.) A maioria das análises proteómicas realizadas para estudar o efeito dos metais pesados em diferentes organismos mostrou que as proteínas relacionadas com os mecanismos de defesa antioxidante são reguladas de forma diferente em resposta à toxicidade do metal (Luque- Garcia *et al.*, 2011).

Partimos da hipótese de que as espécies vegetais ou árvores de fruto cultivadas em solos contaminados com radionuclídeos podem absorver e acumular radionuclídeos nos órgãos comestíveis. Estes elementos radioactivos absorvidos podem causar efeitos mutagénicos e genotoxicidade nas plantas. Para testar a hipótese formulada, o presente estudo foi realizado para avaliar a absorção de radionuclídeos por duas plantas cultivadas comummente, nomeadamente a rúcula (*Eruca sativa* Mill.) e o tomate (*Lycopersicon esculentum* L.), e pelas duas árvores de fruto vulgarmente cultivadas, a goiaba (*Psidium guajava* L.) e a manga *(Mangifera indica* L.), na areia negra da região de Baltim, e para estudar as respostas mutagénicas que podem ser induzidas pelos radionuclídeos acumulados nas partes comestíveis destas espécies vegetais.

Materiais e métodos

Materiais vegetais e determinação do teor de radionuclídeos

As partes comestíveis das plantas cultivadas e das árvores de fruto estudadas foram colhidas na zona costeira de areia preta e nas zonas cultivadas do interior. As concentrações de urânio e tório nas porções comestíveis das espécies vegetais estudadas foram medidas utilizando o espetrómetro de massa de plasma indutivamente acoplado de alta resolução (técnica ICP-MS), modelo Jeol-JMS-PLASMAX2, no Laboratório Central de Análise Elementar e Isotópica, Centro de Investigação Nuclear, Autoridade da Energia Atómica, Egito. As concentrações medidas de urânio e tório foram obtidas em ppm e convertidas em Becquerel por Quilograma (Bq Kg^{-1}) de peso seco, multiplicando o valor de U por 12,34 e multiplicando o valor de Th por 4,04

Deteção de polimorfismo do ADN utilizando a técnica RAPD **1- Extração de ADN**

O ADN foi isolado a partir de 50 mg de material vegetal utilizando o kit Qiagen para extração de ADN por um método CTAB modificado (Doyle e Doyle, 1990). O DNA extraído foi dissolvido em 100 µΐ de tampão de eluição. A concentração e a pureza do ADN obtido foram determinadas utilizando o sistema "Gen qunta" - Pharnacia Bio- teck. A pureza do ADN para todas as amostras situou-se entre 90-97%. A concentração foi ajustada a 6 ng µl para todas as amostras utilizando o tampão TE PH 8.

2- Análise RAPD

Para a análise RAPD, foi utilizado um total de 18 iniciadores aleatórios de oligonucleótidos de 10 mer (quadro 6.1). As reacções de amplificação do ADN foram efectuadas em 25 $^{\mu l}$ mistura de reação constituída por 1 unidade de Tag DNA polimerase, 0,2 mM dNTP, 1x tampão PCR, 3 mM MgC12, 10 Pmol de cada iniciador e aproximadamente 50 ng do ADN genómico extraído. As reacções de amplificação foram efectuadas utilizando a unidade de PCR II Biometra com o seguinte perfil térmico: 1 ciclo de 95 °C por 5 min (desnaturação inicial), seguido de 45 ciclos de amplificação com desnaturação a 95 °C por 1 min, recozimento a 36 °C por 1 min e extensão a 72 °C por 2 min. A extensão final foi efectuada a 72 °C durante 5 minutos. O ADN amplificado foi separado utilizando uma unidade de eletroforese (WIDE mini-sub-cell GT Bio-RAD) em agarose a 1% com brometo de etídio (0,5 Lg ml) a uma voltagem constante e determinado com um transiluminador UV.

Deteção electroforética de proteínas por SDS-PAGE

As proteínas citoplasmáticas foram extraídas e purificadas das espécies em estudo para análise SDS-PAGE com base em Nelson *et al.* (1984). Um g de material vegetal liofilizado foi triturado com azoto líquido num pré-colador até a amostra ficar completamente homogeneizada. As amostras moídas foram transferidas para um tubo Eppendorf de 1ml contendo 200 µî de tampão de extração (tampão tis-Hcl 50m M, PH 6,8, glicerol 10% p/v, ácido ascórbico 0,1% e cloridrato de cycteine 0,1w/v). Foi efectuada uma centrifugação a 18000 rpm durante cerca de 30 minutos a 4 ^{0}C para remover os resíduos. O teor de proteínas no sobrenadante foi estimado de acordo com o método de utilizando albumina de soro bovino como proteína padrão. O teor de proteínas foi ajustado para 2 mg/ml por amostra. A amostra de proteínas foi separada por SDS- PAGE em gel de poliacrilamida a 11% e electroforizada a 30 miliamperes (m.A) a 10°C durante 3 horas, de acordo com o método de Laemmili (1970). A eletroforese foi efectuada num molde de placa vertical (Hoefer Scientific Instruments, São Francisco, CA, EUA, modelo LKB 2001, medindo 16 x (18 x 0,15 cm). Para a deteção de proteínas, foi utilizado o método de coloração com prata descrito por Sammons *et al.* (1981).

Tabela 6.1. Sequência dos iniciadores aleatórios utilizados na RAPD-PCR.

Primer Cod	Sequence (5′-3′)
Primer 1	GGTGCGGGAA
Primer 2	GTTTCGCTCC
Primer 3	GTAGACCCGT
Primer 4	AAGAGCCCGT
Primer 5	AACGCGCAAC
Primer 6	CCCGTCAGCA
Primer 7	CAGTAGCGGA
Primer 8	GGTGGTGATG
Primer 9	GACTAAGCCC
Primer 10	TTCAGGGCAC
Primer 11	GGTCGGAGAA
Primer 12	TGCTCTGCCC
Primer 13	AGCGTGTCTG
Primer 14	TCCGCTCTGG
Primer 15	TCCCACGCAA
Primer 16	GGACCCTTAC
Primer 17	CATCCCCCTG
Primer 18	TTCCCCCGCT

Resultados

Teor de radionuclídeos

As concentrações de urânio e tório determinadas nas porções comestíveis das espécies em estudo são apresentadas na Figura 4.1 e na Tabela 4.4. As concentrações de urânio e tório nas plantas cultivadas no solo de areia preta costeira atingiram, em geral, valores mais elevados do que nas plantas cultivadas no solo do interior. Nas folhas de *E. sativa*, as concentrações de urânio e tório eram de 4,196 e 0,525 $BqKg^{-1}$ de peso seco, respetivamente, nas plantas cultivadas no solo do interior, mas estas concentrações aumentaram significativamente para 12,957 e 1,657 $BqKg^{-1}$ de peso seco, respetivamente, nas plantas cultivadas no solo de areia preta costeira. Do mesmo modo, as concentrações de urânio e tório nos frutos de *L. esculentum*, *P. guajava* e *M. indica* provenientes de solo de areia preta costeira foram significativamente mais elevadas do que as suas concentrações nas plantas cultivadas nos locais do interior.

Perfis RAPD de ADN

Para verificar o efeito genético dos radionuclídeos absorvidos, foi efectuada uma análise RAPD no ADN extraído dos tecidos das espécies de plantas testadas. Os perfis RAPD-DNA resultantes das quatro espécies de plantas estão resumidos nas Figuras 6.1, 6.2 e 6.3 e nos Quadros 6.2, 6.3, 6.4 e 6.5. Relativamente a *E. sativa*, dos 18 iniciadores de oligonucleótidos de decifração testados, apenas 13 deram resultados específicos e estáveis (Figuras 6.1, 6.2 e 6.3 e Quadro 6.2). O número total de bandas foi de 94, variando de 100 a 3000 pb em tamanho molecular. Foram detectadas diferentes bandas polimórficas para diferentes primers (P, P2, P3, P4, P5, P6, P7 e P8) nas plantas do solo de areia preta costeira a partir do qual as plantas acumularam 12,957 e 1,657 $Bq\ Kg^{-1}$ de peso seco de urânio e tório nas folhas. Os polimorfismos foram devidos à perda e/ou ganho de banda amplificada nas plantas do solo de areia preta em comparação com as plantas dos locais cultivados no interior. Os valores de polimorfismos (%) variaram entre 33,3% com o iniciador 4 e 100% com o iniciador 1. Entre os 94 produtos amplificados, 42 eram polimórficos, pelo que 44,7% do total de fragmentos eram polimórficos, enquanto 55,3% dos fragmentos eram monomórficos. Das 52 bandas monomórficas, a intensidade de 6 bandas aumentou e a de 7 bandas diminuiu com o aumento do teor de radionuclídeos nas plantas cultivadas no solo de areia preta. Com o iniciador 2, a intensidade da banda com tamanho molecular aproximado de 300 pb diminuiu (Figura 6.1) e as bandas com tamanho molecular aproximado de 400 pb aumentaram quando as plantas foram cultivadas no solo de areia preta. Também com o iniciador 6 e o iniciador 7 (Figura 6.2), a intensidade da banda com tamanho molecular aproximado de 200 pb aumentou com o aumento dos teores de urânio e tório nas folhas das plantas da areia preta costeira. Foram utilizados 18 iniciadores de oligonucleótidos de 10 mers para o rastreio do genoma de *L. esculentum* (Figuras 6.1, 6.2 e 6.3, Tabela 6.3), enquanto apenas 12 iniciadores produziram resultados específicos e estáveis. Os 12 iniciadores amplificaram um total de 71 fragmentos com tamanhos moleculares que variaram entre 100 e 2500 pb. Destes produtos amplificados, apenas 43 bandas eram monomórficas, mas as restantes bandas (28 bandas) eram polimórficas devido ao aparecimento de 10 bandas novas e ao desaparecimento de 18 bandas com a absorção de mais urânio e tório nos frutos das plantas do solo de areia preta costeira. Assim, 39,4% do total de produtos amplificados eram polimórficos. Observou-se que o polimorfismo foi de 100% com o iniciador 1, iniciador 2, iniciador 3, iniciador 4, iniciador 5 e iniciador 6, enquanto o iniciador 9, iniciador 10, iniciador 11, iniciador 12 e iniciador 13 apresentaram 100 bandas monomórficas. Entre os primers que apresentaram monomorfismos, as intensidades das bandas com tamanhos moleculares de 843 e 771 pb produzidas pelo primer 10 aumentaram, enquanto com o primer 12 as intensidades das bandas com tamanhos moleculares de 674 e 412 pb diminuíram (Figura 6.3) quando as plantas foram cultivadas em solo de areia preta.

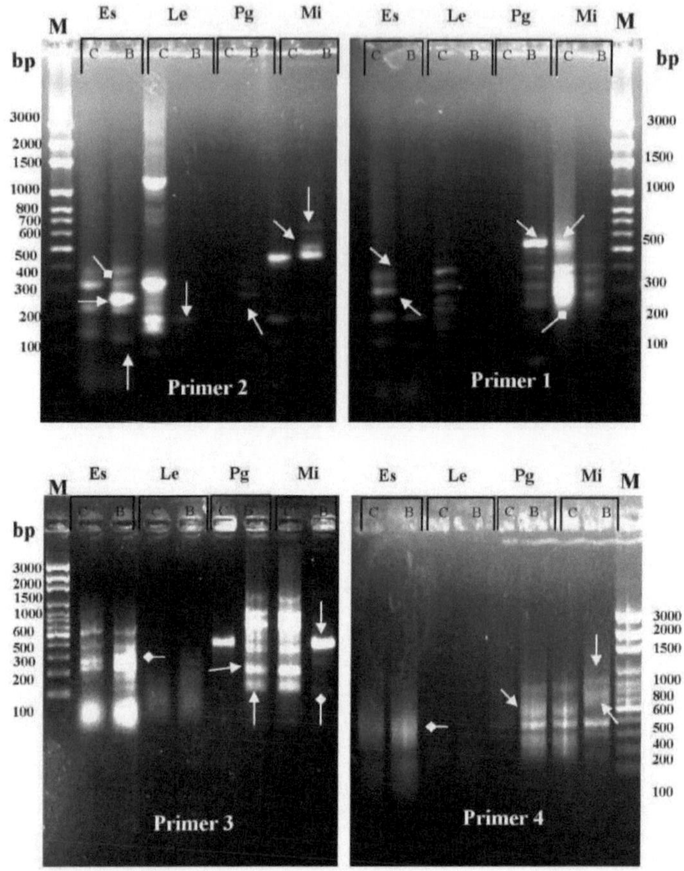

Figura 6.1: Perfis RAPD do ADN genómico das espécies vegetais em estudo cultivadas na areia preta costeira e nos locais do interior, gerados utilizando diferentes iniciadores RAPD (iniciadores 1, 2, 3 e 4), conforme indicado em cada gel. M: 100 bp DNA ladder (100-3000 bp), Es: *Eruca sativa,* Le*: Lycopersion esculentum,* Pg: Psidium guajava, Mi: *Mangifera indica,* C: solo de controlo, B: areia preta, -►: aparecimento de uma nova banda e -♦ : intensidades de banda variadas.

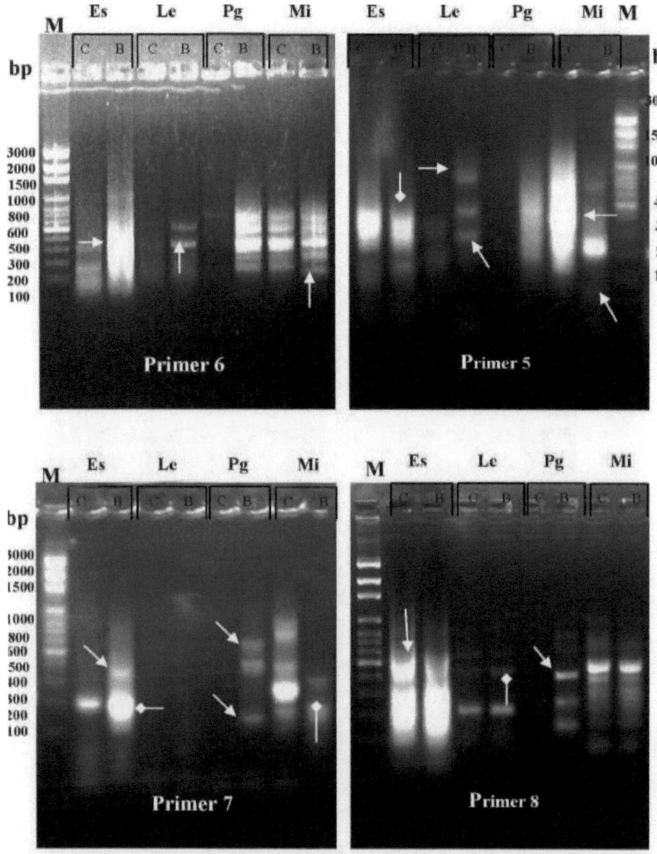

Figura 6.2. Perfis RAPD do ADN genómico das espécies vegetais em estudo cultivadas na areia preta costeira e nos locais do interior, gerados utilizando diferentes iniciadores RAPD (iniciadores 5, 6, 7 e 8), conforme indicado em cada gel. M: 100 bp DNA ladder (100-3000 bp), Es: *Eruca sativa,* Le*: Lycopersicon esculentum,* Pg: Psidium guajava, Mi: *Mangifera indica,* C: solo de controlo, B: areia preta, -▶: aparecimento de nova banda e -♦: intensidades de banda variadas.

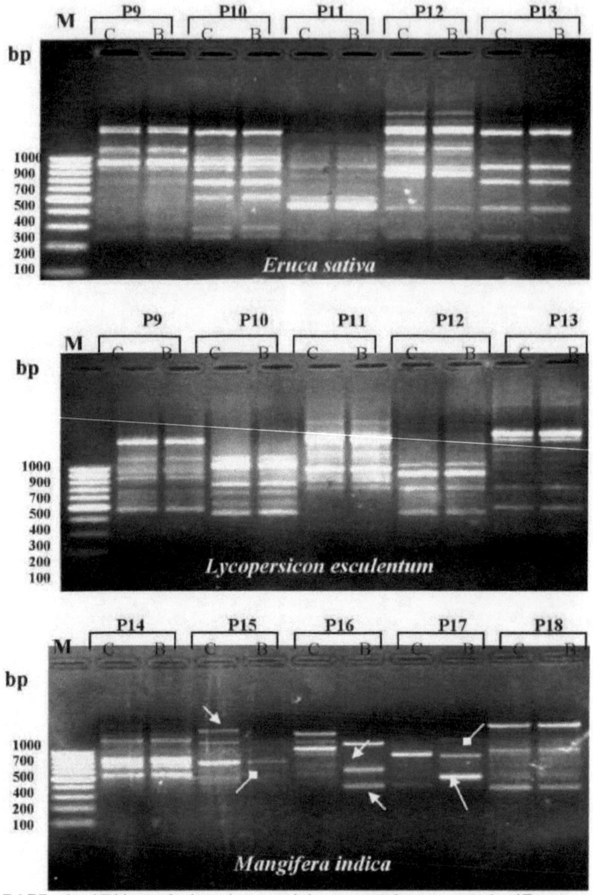

Figura 6.3. Perfis RAPD do ADN genómico das espécies vegetais em estudo (*Eruca sativa, Lycopersicon esculentum e Mangifera indica*) cultivadas na areia preta costeira e nos locais do interior, obtidos utilizando diferentes iniciadores RAPD, conforme indicado na parte superior de cada gel. M: escada de ADN de 100 pb (100-1000 pb), P: iniciador, C: solo de controlo, B: areia preta, -♦ : aparecimento de uma nova banda e -► : intensidades de banda variadas.

Tabela 6.2. Perfis RAPD de *Eruca sativa* cultivada na areia preta costeira e nos locais do interior em termos do número de produtos amplificados; bandas polimórficas; bandas monomórficas e percentagem de polimorfismo com diferentes iniciadores RAPD.

Primer	Total Amplified Products	Bands in Plants from Inland Site	Black Sand						
			Number of Bands	Polymorphic Bands		Monomorphic Bands			Polymorphism (%)
				(+)	(-)	T	I	D	
Primer 1	5	4	1	1	4	-	-	-	100
Primer 2	8	4	5	4	3	1	-	1	87.5
Primer 3	11	5	7	6	4	1	-	1	90.9
Primer 4	3	2	3	1	-	2	1	-	33.3
Primer 5	8	5	4	3	4	1	-	1	87.5
Primer 6	7	3	4	4	3	-	-	-	100
Primer 7	3	1	3	2	-	1	1	-	66.6
Primer 8	7	6	5	1	2	4	-	1	42.9
Primer 9	11	11	11	-	-	11	1	-	0
Primer 10	9	9	9	-	-	9	2	1	0
Primer 11	7	7	7	-	-	7	1	-	0
Primer 12	10	10	10	-	-	10	-	-	0
Primer 13	5	5	5	-	-	5	-	2	0
Total	94	72	74	22	20	52	6	7	44.7

(+): Aparecimento de novas bandas, (-): desaparecimento de bandas normais, T: número total de bandas monomórficas, I: aumento da intensidade das bandas e D: diminuição da intensidade das bandas.

Tabela 6.3. Perfis RAPD de *Lycopersicon esculentum* cultivado na areia preta costeira e nos locais do interior em termos do número de produtos amplificados; bandas polimórficas; bandas monomórficas e percentagem de polimorfismo com diferentes iniciadores RAPD.

Primer	Total Amplified Products	Bands in Plants from Inland Site	Black Sand						
			Number of Bands	Polymorphic Bands		Monomorphic Bands			Polymorphism (%)
				(+)	(-)	T	I	D	
Primer 1	4	4	-	-	4	-	-	-	100
Primer 2	9	8	1	1	8	-	-	-	100
Primer 3	1	-	1	1	-	-	-	-	100
Primer 4	1	1	-	-	1	-	-	-	100
Primer 5	6	2	4	4	2	-	-	-	100
Primer 6	3	1	2	2	1	-	-	-	100
Primer 7	No Amplification			-	-	-	-	-	Nil
Primer 8	6	4	4	2	2	2	1	-	66.7
Primer 9	9	9	9	-	-	9	-	-	0
Primer 10	10	10	10	-	-	10	2	1	0
Primer 11	8	8	8	-	-	8	-	-	0
Primer 12	9	9	9	-	-	9	-	2	0
Primer 13	5	5	5	-	-	5	-	1	0
Total	71	61	53	10	18	43	3	4	39.4

(+): Aparecimento de novas bandas, (-): desaparecimento de bandas normais, T: número total de bandas monomórficas, I: aumento da intensidade das bandas e D: diminuição da intensidade das bandas.

No perfil de ADN RAPD de *P. guajava*, entre os 18 iniciadores RAPD utilizados, apenas 8 iniciadores amplificaram e 10 iniciadores não amplificaram (figura 6.1 e 6.2, quadro 6.4). Os oito iniciadores geraram um total de 40 bandas, das quais 38 eram bandas polimórficas. O iniciador 4 e o iniciador 8 são os únicos iniciadores que apresentaram bandas monomórficas e 80% de polimorfismo, enquanto os restantes 6 iniciadores detectaram 100% de polimorfismo. Assim, 95% do total de produtos amplificados eram polimórficos e apenas 5% das bandas eram monomórficas. Os polimorfismos observados nos produtos amplificados devem-se, em grande parte, ao aparecimento de 36 novos fragmentos amplificados quando as plantas cultivadas na areia preta costeira, cujos frutos acumularam 16,165 e 1,455 Bq Kg^{-1} de peso seco de urânio e tório, em comparação com os radionuclídeos acumulados nos locais do interior; 11,476 e 0,566 Bq Kg^{-1} de peso seco, respetivamente.

Tal como indicado nas Figuras 6.1, 6.2 e 6.3 e no Quadro 6.5, foram utilizados 18 oligonucleótidos de iniciação de 10 mers para analisar os produtos RAPD-PCR de *M. indica*, mas apenas 13 iniciadores deram resultados específicos e estáveis. Com exceção do iniciador 14 e do iniciador 18, os padrões RAPD gerados pelo ADN das plantas colhidas na areia preta costeira eram claramente diferentes dos obtidos a partir das plantas cultivadas nos locais do interior. No total, foram registadas 105 bandas com tamanhos moleculares compreendidos entre 200 e 3000 pb. Os principais eventos observados após a absorção de níveis elevados de urânio e tório do solo de areia preta foram variações nas intensidades de algumas bandas monomórficas e a perda de bandas normais e o aparecimento de novas bandas que causam polimorfismos, em comparação com as plantas cultivadas no interior. A percentagem de polimorfismos variou entre 0% com o iniciador 14 e o iniciador 18 e 91,7% com o iniciador 1, chegando a 100% com o iniciador 2, o iniciador 4 e o iniciador 16. Em geral, dos 105 produtos amplificados, apenas 28 eram bandas monomórficas (26,7%) e as restantes 77 bandas eram polimórficas (73,3%) devido ao desaparecimento de 29 bandas normais e ao aparecimento de 48 bandas novas. Tal como indicado nos perfis do iniciador 3, do iniciador 7, do iniciador 15 e do iniciador 17, a variação nas bandas monomórficas deveu-se, em média, à diminuição das intensidades das bandas. Por exemplo, as bandas monomórficas de tamanhos moleculares 1314, 720, 491 e 417 pb obtidas pelo iniciador 15 e a banda de tamanho molecular 803 pb produzida pelo iniciador 17 diminuíram de intensidade com o aumento dos teores de urânio e tório.

Padrão de bandas electroforéticas de proteínas

O efeito mutagénico do urânio e do tório absorvidos pelas espécies vegetais em estudo nas porções comestíveis no padrão de bandas das proteínas é mostrado na Figura 6.4. No que respeita a *E. sativa* (Tabela 6.1), a expressão de 11 proteínas foi indicada por SDS-PAGE das plantas cultivadas na areia preta costeira e nos locais do interior. Mas 6 proteínas expressas nas plantas do solo de controlo não foram detectadas nas plantas do solo de areia preta, enquanto a expressão de 5 novas proteínas foi detectada nestas plantas, onde os níveis de urânio e tório aumentaram de 4,196 e 0,525 Bq Kg^{-1} de peso seco, respetivamente, nas folhas das plantas dos locais do interior para 12,957 e 1,657 Bq Kg^{-1} de peso seco, respetivamente, nas plantas cultivadas no solo de areia preta. Além disso, as intensidades das proteínas de peso molecular 88, 77 e 40 K.Da aumentaram quando as plantas foram cultivadas na areia preta com o aumento do teor de urânio e tório nas folhas das plantas.

O padrão de bandas proteicas de *L. esculentum* mostrou a diminuição do número de proteínas expressas de 15 proteínas nas plantas cultivadas nas zonas interiores para 11 proteínas nas plantas do solo de areia preta com o aumento do teor de urânio e tório nos frutos das plantas (Tabela 6.1). Apenas três das proteínas expressas foram detectadas em ambas as plantas de locais interiores e de areia preta costeira, mas as restantes proteínas expressas eram muito diferentes, uma vez que 12 proteínas expressas em plantas de locais interiores não foram detectadas em plantas cultivadas em solo de areia preta, mas 8 novas proteínas foram expressas nestas plantas.

Em SDS-PAGE de *P. guajava* (Tabela 6.2) foram observadas 22 bandas nas plantas cultivadas no interior, onde os teores de urânio e tório eram de 11,476 e 0,566 Bq Kg^{-1} de peso seco, respetivamente. Estas bandas diminuíram para 17 bandas quando as plantas foram cultivadas no solo de areia preta e acumularam mais urânio e tório nos tecidos das plantas (16,165 e 1,455 Bq Kg^{-1} de peso seco, respetivamente). 15 proteínas expressas nas plantas do interior desapareceram quando as plantas foram cultivadas no solo de areia preta com a expressão de 10 novas proteínas não detectadas nas plantas do interior. A intensidade da proteína de peso molecular 110 K.Da diminuiu nas plantas do solo de areia preta. O padrão de bandas electroforéticas das proteínas extraídas dos frutos de *M. indica* mostrou o desaparecimento da maioria das proteínas expressas nas plantas cultivadas nos locais do interior (Quadro 6.3) e o aparecimento de 21 novas proteínas nas plantas da areia preta de Baltim, onde as plantas absorveram níveis elevados de urânio e tório.

Tabela 6.4. Perfis RAPD de *Psidium guajava* cultivada na areia preta costeira e nos locais do interior em termos do número de produtos amplificados; bandas polimórficas; bandas monomórficas e percentagem de polimorfismo com diferentes iniciadores RAPD.

Primer	Total Amplified Products	Bands in Plants from Inland Site	Black Sand						Polymorphism (%)
			Number of Bands	Polymorphic Bands		Monomorphic Bands			
				(+)	(-)	T	I	D	
Primer 1	4	-	4	4	-	-	-	-	100
Primer 2	2	-	2	2	-	-	-	-	100
Primer 3	8	1	7	7	1	-	-	-	100
Primer 4	5	1	5	4	-	1	1	-	80
Primer 5	7	-	7	7	-	-	-	-	100
Primer 6	6	1	5	5	1	-	-	-	100
Primer 7	3	-	3	3	-	-	-	-	100
Primer 8	5	1	5	4	-	1	-	-	80
Total	40	4	38	36	2	2	1	-	95

Aparecimento de novas bandas, (-): desaparecimento de bandas normais, T: número total de bandas monomórficas, I: aumento da intensidade das bandas e D: diminuição da intensidade das bandas.

Tabela 6.5. Perfis RAPD de *Mangifera indica* cultivada na areia preta costeira e nos locais do interior em termos do número de produtos amplificados; bandas polimórficas; bandas monomórficas e percentagem de polimorfismo com diferentes iniciadores RAPD.

Primer	Total Amplified Products	Bands in Plants from Inland Site	Black Sand						
			Number of Bands	Polymorphic Bands		Monomorphic Bands			Polymorphism (%)
				(+)	(-)	T	I	D	
Primer 1	12	9	4	3	8	1	-	-	91.7
Primer 2	6	3	3	3	3	-	-	-	100
Primer 3	8	7	2	1	6	1	-	1	87.5
Primer 4	10	5	5	5	5	-	-	-	100
Primer 5	10	7	4	3	6	1	-	-	90
Primer 6	10	5	6	5	4	1	-	-	90
Primer 7	6	5	3	1	3	2	-	2	66.7
Primer 8	9	6	6	3	3	3	-	-	66.7
Primer 14	8	8	8	-	-	8	-	-	0
Primer 15	5	5	4	-	1	4	-	4	20
Primer 16	9	6	3	3	6	-	-	-	100
Primer 17	6	4	3	2	3	1	-	1	83.3
Primer 18	6	6	6	-	-	6	-	-	0
Total	105	76	57	29	48	28	-	8	73.3

Aparecimento de novas bandas, (-): desaparecimento de bandas normais, T: número total de bandas monomórficas, I: aumento da intensidade das bandas e D: diminuição da intensidade das bandas.

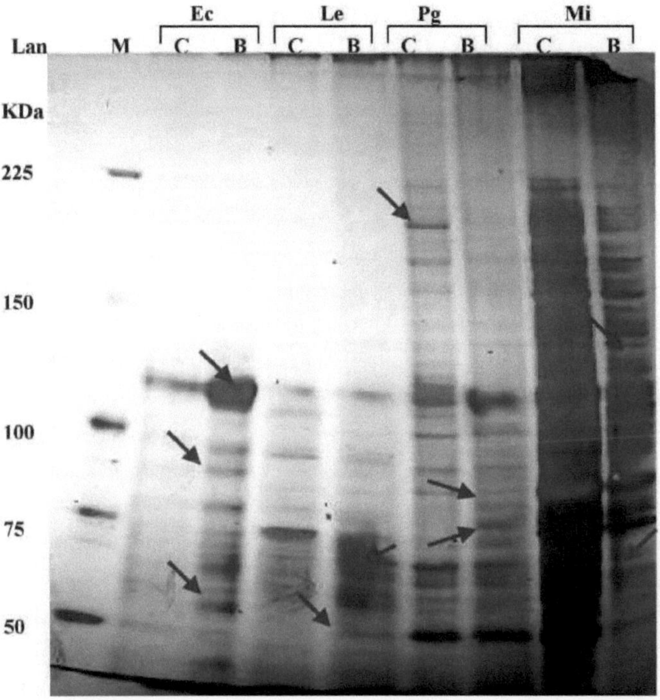

Figura 6.4. SDS-PAGE de proteínas das espécies vegetais em estudo cultivadas na areia preta costeira e nos locais do interior. Faixa M: padrões de peso molecular (marcador); Faixa C: solo de controlo; Faixa B: areia preta; Ec: *Eruca sativa,* Le: *Lycopersicon esculentum,* Pg: *Psidium guajava,* Mi: *Mangifera indica*. As setas referem-se ao aparecimento de novas bandas e a diferentes intensidades de bandas nas plantas cultivadas em areia preta.

Discussão

Na presente investigação, a determinação do teor de radionuclídeos na areia preta de Baltim e no solo argiloso de locais do interior revelou que o teor de urânio é geralmente mais elevado do que o teor de tório, e que as concentrações de urânio e de tório no solo de areia preta eram significativamente mais elevadas do que no solo de locais do interior. A quantidade de urânio e tório acumulada nas partes comestíveis das espécies vegetais do solo de areia preta costeira e dos locais do interior onde as espécies vegetais em estudo foram cultivadas foi medida e os resultados mostraram que o urânio e o tório foram recolhidos com concentrações significativas nas partes comestíveis das plantas do solo de areia preta em comparação com as plantas dos locais do interior. Do mesmo modo, Hegazy e Emam (2011) detectaram um nível mais elevado de urânio e tório nos tecidos das plantas cultivadas no solo de areia preta do que nas plantas cultivadas no solo de controlo. Os efeitos mutagénicos do urânio e do tório absorvidos pelas espécies vegetais foram estudados através do estudo dos perfis RAPD do ADN e do padrão de bandas electroforéticas das proteínas e os resultados revelaram que o elevado teor de urânio e tório das plantas induziu danos no ADN, o que se reflectiu em alterações nos perfis RAPD. Também foram observadas alterações no SDS-PAGE das proteínas com o aumento da concentração de elementos radioactivos nas porções comestíveis destas plantas, indicadas pelas alterações nas intensidades das bandas, pelo aparecimento de novas bandas de proteínas e pelo desaparecimento de algumas bandas.

A contaminação dos ecossistemas e a exposição a metais tóxicos é uma grande preocupação em todo o mundo (Luque-Garcia *et al.*, 2011). Um dos aspetos importantes da recuperação ecológica e agrícola da poluição por radiação é a compreensão do efeito da radiação nos organismos e nas suas populações (Turuspekov *et al.*, 2002). A compreensão dos mecanismos através dos quais as plantas superiores percepcionam os estímulos ambientais é de importância vital para a biologia molecular moderna. Na prática, o ponto-chave para a agricultura é como regular a relação harmoniosa entre o solo e o ambiente e as culturas e tirar o melhor partido do potencial fisiológico das culturas (Gang *et al.*, 2007). Até certo ponto, as plantas podem superar o stress ambiental através do desenvolvimento de mecanismos físico-bioquímicos eficientes e específicos. Por outro lado, um excesso de iões de metais pesados tóxicos induz várias respostas de stress celular e danos em diferentes componentes celulares, como as membranas, as proteínas e o ADN (Liu *et al.*, 2005).

Na "ecotoxicologia genética" ou "ecogenotoxicologia", a avaliação eficaz e a monitorização ambiental adequada de poluentes potencialmente genotóxicos serão melhoradas com o desenvolvimento de métodos sensíveis e selectivos para detetar alterações induzidas por tóxicos nos genomas de uma vasta gama de biota (Liu *et al.*, 2007). Conforme referido por alguns investigadores (Wolf *et al.*, 2004; Atienzar e Jha, 2006; Liu *et al.*, 2007), a alteração da impressão digital do ADN é um biomarcador útil em ecogenotoxicologia. Existem poucos estudos de genotoxicidade sobre os efeitos mutagénicos dos elementos radioactivos nas plantas.

No presente estudo, o polimorfismo no ADN genómico foi detectado por perfis RAPD através de reacções de PCR com primers aleatórios. Neste sentido, o desaparecimento óbvio de bandas normais e o aparecimento de novas bandas foram gerados a partir das plantas que absorveram uma elevada concentração de urânio e tório do solo de areia preta de Baltim em comparação com as plantas dos locais do interior. A mesma tendência de resultados foi também detectada por Dhakshanamoorth *et al.* (2011) sobre as alterações genéticas em *Jatrapha curcas* produzidas por radiação ionizante e o estudo da genotoxicidade induzida por produtos químicos tóxicos em *Phaseolus vulgaris* por Cenkci *et al.* (2009). O desaparecimento de bandas normais (perda de bandas) pode estar relacionado com eventos como danos no ADN (por exemplo, quebras de cadeia simples e dupla, bases modificadas, locais abásicos, bases oxidadas, aductos volumosos, ligações cruzadas ADN-proteína), mutações pontuais e/ou rearranjos cromossómicos complexos induzidos por genotoxinas (Atienzar *et al.*, 2002; Wolf *et al.*, 2004). O aparecimento de novos produtos PCR (bandas extra) também foi detectado nos perfis RAPD. Os novos produtos de amplificação da PCR podem revelar uma alteração em alguns locais de ligação de oligonucleótidos devido a mutações [novo(s) evento(s) de ligação], grandes deleções (aproximando o local de ligação pré-existente) e/ou recombinações homólogas (Atienzar *et al.*, 1999). As novas bandas podem ser atribuídas a mutações, enquanto as bandas desaparecidas podem ser atribuídas a danos no ADN (Atienzar e Jha, 2006).

Domingo *et al.* (2001) referiram que a quantidade de quebras de cadeias de ADN aumentava com doses crescentes de urânio enriquecido. De facto, o urânio é quimicamente capaz de gerar espécies reactivas de oxigénio (ROS) através da química redox dos iões de transição. Do mesmo modo, o urânio pode induzir radiologicamente a produção de radicais livres através do fenómeno de ionização induzido pelas emissões de partículas alfa (Barillet *et al.*, 2011). As lesões do ADN induzidas por ROS e radicais livres podem, de facto, resultar em quebras da cadeia de ADN, ligações cruzadas ADN-proteínas e modificações oxidativas de bases. Além disso, os metais podem causar quebras diretas da cadeia de ADN e inibir a reparação do ADN. Espera-se, portanto, que o urânio seja capaz de induzir genotoxicidade tanto química como radiologicamente (Barillet *et al.*, 2011). A maioria dos aductos no ADN induzidos por espécies reactivas de oxigénio (ROS) pode ser removida pelos mecanismos de reparação do ADN e, por conseguinte, não causa mutações (Vannini *et al.*, 2011). As diferenças de ganho/perda ou de intensidade das bandas RAPD podem estar relacionadas com danos no ADN, mutações ou rearranjos estruturais induzidos por agentes genotóxicos, afectando os locais dos iniciadores e/ou as distâncias entre iniciadores (Wolf *et al.*, 2004).

O estudo do padrão de bandas electroforéticas das proteínas indicou a alteração do SDS-PAGE das proteínas com o aumento do teor de radionuclídeos das plantas. As principais mudanças caraterísticas incluíram alterações na mobilidade relativa das bandas, nas intensidades das bandas, no desaparecimento de algumas bandas e no aparecimento de novas bandas, indicando que a expressão das proteínas é altamente modificada nas quatro espécies estudadas. De forma semelhante, o estudo de Soliman *et al.* (2011) sobre o efeito mutagénico de radionuclídeos absorvidos por algumas espécies de plantas cultivadas naturalmente no preto e no solo mostrou a mesma tendência de resultados.

Na presente investigação, as alterações observadas no padrão de bandas de proteínas podem dever-se a dois tipos de mutação, ou seja, mutação genética, induzida pelos radionuclídeos absorvidos e detectada pelo perfil RAPD do ADN estudado na presente investigação e já mencionada anteriormente, e aberrações citológicas, que foram causadas pela radiação gama emitida pelos radionuclídeos do solo, tal como referido por Soliman *et al.* (2011). Um padrão de bandas proteicas de um organismo representa uma impressão digital genética bioquímica desse organismo (Abdelsalam *et al.*, 1996). Cada banda de proteína representa os produtos finais de eventos de transcrição e tradução que ocorrem devido a genes estruturais activos. As alterações de aminoácidos numa proteína, devidas a eventos mutacionais, podem resultar em taxas de migração proteica alteradas quando as proteínas são comparadas em géis de poliacrilamida (Abdelsalam *et al.,* 1996). Assim, a alteração do padrão proteico está altamente correlacionada com as anomalias citológicas registadas causadas pelos radionuclídeos do solo e com os polimorfismos no ADN induzidos pelos radionuclídeos acumulados nas plantas, tal como refletido pelos perfis RAPD. Esta correlação pode levar à produção constitutiva de proteínas ou à atenuação ou supressão completa dos genes em causa e à produção de bandas intensas, bandas ténues ou ao desaparecimento completo das bandas (Hassan 1995).

O aumento da expressão de várias proteínas associadas à produção de energia e ao metabolismo sugere que é necessária mais energia para ativar os processos metabólicos, principalmente orientados para a desintoxicação, em organismos expostos a metais pesados. Os organismos cronicamente expostos a um nível moderado de um tóxico podem desenvolver uma aclimatação que confere uma maior resistência ao tóxico, envolvendo uma remodelação metabólica importante (Luque-Garcia *et al.*, 2011).

Conclusões

O estudo do teor de radionuclídeos nas quatro espécies de plantas selecionadas cultivadas na areia negra costeira revelou a capacidade destas plantas para acumular urânio e tório nas porções comestíveis das plantas com uma concentração significativamente elevada em comparação com as plantas das zonas interiores. Os efeitos mutagénicos e a genotoxicidade induzidos pelos radionuclídeos absorvidos foram detectados através da análise dos perfis RAPD-DNA e do padrão de bandas electroforéticas das proteínas. Os resultados mostraram uma correlação entre o teor de radionuclídeos e o nível de danos no ADN induzidos por radionuclídeos nos tecidos das espécies em estudo. O elevado teor de radionuclídeos nas porções comestíveis das espécies vegetais causou alterações no SDS-PAGE das proteínas, indicadas por alterações na mobilidade relativa e nas intensidades das bandas, expressão de novas proteínas e supressão de algumas proteínas normais. Estes resultados sublinham a profunda necessidade de mais investigações sobre a ecotoxicidade dos radionuclídeos. O polimorfismo do ADN detectado por perfis RAPD e SDS-PAGE pode ser utilizado como uma ferramenta de investigação para a toxicologia ambiental e como um ensaio útil de biomarcadores.

Referências

Abdelsalam, A.Z.E.; Hassan, H.Z. e Soliman, Kh.A. (1996). A mutagenicidade de dois pesticidas sistémicos aromáticos utilizando três sistemas biológicos. Egyptian Journal of Genetic and Cytology, **23**: 185-195.

Atienzar, F.A.; Conradi, M.; Evenden, A.J.; Jha, A.N. e Depledge, M.H.

(1999). Avaliação qualitativa da genotoxicidade utilizando ADN polimórfico amplificado aleatório: comparação da estabilidade do modelo genómico com parâmetros-chave de aptidão em Daphnia magna exposta ao benzo[a]pireno. Environmental Toxicology and Chemistry, **18:** 2275-2282.

Atienzar, F.A.; Venier, P.; Jha, A.N. e Depledge, M.H. (2002). Evaluation of the random amplified polymorphic DNA (RAPD) assay for the detection of DNA damage and mutations (Avaliação do ensaio de ADN polimórfico amplificado aleatório (RAPD) para a deteção de danos e mutações no ADN). Mutation Research, **521**: 151163.

Atienzar, F.A. e Jha, A.N. (2006). O ensaio de ADN polimórfico amplificado aleatório (RAPD) e técnicas relacionadas aplicadas a estudos de genotoxicidade e carcinogénese: A critical review. Mutation Research, **613**: 76102.

Barillet, S.; Adam-Guillermin, C.; Palluel, O.; Porcher, J.M. e Devaux, A. (2011). Bioacumulação de urânio e distúrbios biológicos induzidos no peixe-zebra (*Danio rerio*) após uma exposição à água com urânio empobrecido. Environmental Pollution, **159:** 495-502.

Cenkci, S.; Yildiz, M.; Cigercim I.H.; Konuk, M. e Bozdag, A (2009). Genotoxicidade induzida por produtos químicos tóxicos detectada por DNA polimórfico amplificado aleatório (RAPD) em plântulas de feijão (*Phaseolus vulgaris* L.). Chemosphere, **76:** 900-906.

Dhakshanamoorthy, D.; Selvaraj, R. e Chidambaram, A.L.A. (2011). Mutagénese induzida em *Jatropha curcas* L. utilizando raios gama e deteção do polimorfismo do ADN através do marcador RAPD. Comptes Rendus Biologies, **334**: 24-30.

Domingo, J.L. (2001). Reproductive and developmental toxicity of natural and depleted uranium: A Review. Reproductive Toxicology, **15**: 603-609.

Doyle, J.J. e Doyle, J.L. (1990). Isolamento de ADN de plantas a partir de tecido vegetal fresco. Focus, **12**: 12-15.

Gang, W.; Zhen-Kuan, W.; Yong-Xiang, W.; Li-Ye, C. e Hong-Bo, S. (2007). As respostas mútuas das plantas superiores ao ambiente: Aspectos fisiológicos e microbiológicos. Colloids and Surfaces B: Biointerfaces, **59:** 113-119.

Hassan, H.Z. (1995). Avaliação dos efeitos mutagénicos de dois insecticidas basudin e decis em plantas *de Vicia faba.* Egyptian Journal of Genetic and Cytology, **25**: 27-38.

Hegazy, A.K. e Emam, M.H. (2011). Acumulação e transferência de radionuclídeos do solo para a planta nos habitats de areia preta costeira do delta do Nilo. Revista Internacional de Fitorremediação, **13**: 140-155.

Jhaa, S.K.; Gothankara, S.; Iongwaib, P.S.; Kharbulib, B.; Warc, S.A. e Puranik, V.D. (2012). Intake of ^{238}U and ^{232}Th through the consumption of foodstuffs by tribal populations practicing slash and burn agriculture in an extremely high rainfall area. Journal of Environmental Radioactivity, **103**: 1-6.

Jimi, S.; Uchiyama, M.; Takaki, A.; Suzumiya, J. e Hara, S. (2004). Mecanismos de morte celular induzida por cádmio e arsénio. Anais da Ciência Académica de Nova Iorque, **1011**: 325-331.

Laemmili, U.K. (1970). Clivagem de proteínas estruturais durante a montagem da cabeça do Bactriófago T4. Nature, **227**: 680-685.

Liu, W.; Li, P.J.; Qi, X.M.; Zhou, Q.X.; Zheng, L.; Sun, T.H. e Yang, Y.S. (2005). Alterações do ADN em plântulas de cevada (*Hordeum vulgare*) induzidas pela poluição por cádmio utilizando a análise RAPD. Chemosphere, **61:** 158-167.

Liu, W.; Yang, Y.S.; Zhou, Q.; Xie, L.; Li, P. e Sun, T. (2007). Avaliação do impacto da contaminação por cádmio em plântulas de arroz (*Oryza sativa* L.) a nível molecular e populacional utilizando múltiplos biomarcadores. Chemosphere, **67**: 1155-1163.

Luque-Garcia, J.L.; Cabezas-Sanchez, P. e Camara, C. (2011). Proteómica como uma ferramenta para examinar a toxicidade dos metais pesados. Tendências em Química Analítica, **30**(5): 703-716.

Nelson, T.; Harps, M.H; Mayfield, S.P. e Taylor, W.C. (1984). Light regulated gene-expression during maize leaf development. Journal of Cell Biology, **98**: 558-564.

Poli, A.; Salerno, A.; Laezza, G.; di Donato, P.; Dumontet, S. e Nicolaus, B. (2009). Resistência de alguns termófilos a metais pesados: utilização potencial da a-amilase de *Anoxybacillus amylolyticus* como um bioensaio enzimático microbiano . Investigação em Microbiologia, **160**: 99-106.

Preverala, S.; Ansoborlob, E.; Maric, S.; Vavasseura, A. e Forestier, C. (2006). Citotoxicidade de metal(loid)s e radionuclídeos em *Saccharomyces cerevisiae*. Papel de YCF1, glutatião e efeito da butionina sulfoximina. Biochimie, **88**: 1651-1663.

Sammons, D.W.; Adams, L.D. e Nishizawa, E.E (1981). Coloração ultrassensível à base de prata de polipéptidos em géis de poliacrilamida. Electrophoresis, **2:** 135.

Shtangeeva, I. (2010). Absorção de urânio e tório por plantas nativas e cultivadas. Journal of Environmental Radioactivity, **101**: 458-463.

Shtangeeva, I.; Ayrault, S. e Jain, J. (2005). Thorium uptake by wheat at different stages of plant growth (Absorção de tório pelo trigo em diferentes fases de crescimento da planta). Journal of Environmental Radioactivity, **81:** 283-293.

Soliman, M.S.A.; Hegazy, A.K.; Goda, S.K.; Emam, M.H. e Al-Atar, A.A. (2011). Citotoxicidade e efeitos mutagénicos dos radionuclídeos do solo em algumas espécies de plantas da areia preta. Jornal de Ecologia Mediterrânica, **11**: 520.

Turuspekov, Y.; Adams, R.P. e Kearney, C.M. (2002). Genetic diversity in three perennial grasses from the Semipalatinsk nuclear testing region of Kazakhstan after long-term radiation exposure (Diversidade genética em três gramíneas perenes da região de testes nucleares de Semipalatinsk no Cazaquistão após exposição prolongada à radiação). Biochemical Systematics and Ecology, **30**: 809-817.

Vannini, C.; Domingo, G.; Marsoni, M.; Fumagalli, A.; Terzaghi, R.; Labra, M.; De Mattiac, F.; Onelli, E. e Bracale, M. (2011). Efeitos fisiológicos e moleculares associados ao tratamento com paládio em *Pseudokirchneriella subcapitata*. Aquatic Toxicology, **102:** 104-113.

De Wolf, H.; Blust, R. e Backeljau T. (2004). A utilização de RAPD em ecotoxicologia. Mutation Research, **566:** 249-262.

Yildiz, M.; Cigerci, I.H.; Konuk, M.; Fidan, A.F. e Terzi, H. (2009). Determinação dos efeitos genotóxicos do sulfato de cobre e do cloreto de cobalto em células de raiz de *Allium cepa* através de ensaios de aberração cromossómica e cometa. Chemosphere, **75**: 934-938.

7. DEBATE GERAL

O solo contém radioatividade natural que provém principalmente dos radionuclídeos primordiais urânio (^{238}U), tório (^{232}Th) e potássio (^{40}K), que estão presentes em níveis vestigiais na crosta terrestre e distribuídos em formações subterrâneas (Jabbar *et al.*, 2010). O estudo da transferência de radionuclídeos do solo para a vegetação comestível através da absorção pelas raízes é importante, especialmente tendo em conta a acumulação destes radionuclídeos nas cadeias alimentares (Chen *et al.*, 2005). A informação sobre a existência e acumulação de radionuclídeos na vegetação, plantas, etc., ganhou importância porque os utilizadores destes produtos podem desenvolver uma maior incidência de cancros e outros efeitos na saúde (Chen *et al.*, 2005). A segurança radiológica dos alimentos é de importância primordial para a proteção da população em geral contra as exposições internas à radiação. A fonte de radioatividade nos alimentos pode ser constituída por radionuclídeos naturais ou por contaminação resultante de acidentes ou acções intencionais (Bari *et al.*, 2011). Foram realizados vários estudos sobre as concentrações de radionuclídeos naturais em géneros alimentícios provenientes de zonas normais de fundo, como é o caso do ^{238}U, ^{226}Ra, ^{232}Th e ^{210}Pb. A ingestão diária de ^{238}U e ^{232}Th foi comunicada como sendo de 1,9 mg e 3 mg, respetivamente, para o homem de referência da ICRP (Jhaa *et al.*, 2012), enquanto os valores UNSCEAR propostos para toda a população mundial (média global) são de 15,6 mBq (1,3 mg) para ^{238}U e 4,6 mBq (1,1 mg) para ^{232}Th (Jhaa *et al.*, 2012).

Uma questão importante levantada no presente estudo é a de saber se as vias de proteínas/enzimas específicas evoluíram para proteger a planta contra os radionuclídeos absorvidos ou se as plantas possuem vias de proteínas/enzimas que cumprem outra função e também protegem contra estes elementos tóxicos quando encontrados. Se for a última destas propostas, quais são as funções celulares que parecem estar adaptadas? e quais são os mecanismos pelos quais as plantas podem resistir à mutagénese e à genotoxicidade induzidas por concentrações elevadas de radionuclídeos absorvidos? Para responder a esta pergunta, estudou-se no presente estudo o efeito dos radionuclídeos absorvidos no crescimento, no perfil RAPD do ADN, no padrão de bandas de proteínas e nos constituintes bioquímicos de duas espécies de plantas cultivadas e de duas árvores de fruto.

A areia negra de Baltim é rica em minerais pesados e elementos radioactivos naturais, especialmente urânio, tório e potássio (K^{40}) (El-Gamal *et al.*, 2010; Hegazy e Emam, 2011). A determinação do teor de radionuclídeos revelou que as concentrações de urânio e tório no solo de areia preta eram significativamente mais elevadas do que no solo argiloso de localidades cultivadas no interior. A concentração de urânio e tório acumulada nas partes comestíveis de duas espécies de plantas cultivadas (*Eruca sativa* e *Lycopersicon esculentum*) e duas árvores de fruto (*Psidium guajava* e *Mangifera indica*) cultivadas na areia preta de Baltim e no solo argiloso de localidades cultivadas no interior foi medida e os resultados mostraram que o urânio e o tório foram recolhidos com concentrações significativamente elevadas nas partes comestíveis das plantas do solo de areia preta em comparação com as plantas do solo argiloso. No entanto, o urânio absorvido nas porções comestíveis das espécies de plantas investigadas cultivadas na areia preta de Baltim estava dentro dos limites admissíveis de urânio na vegetação mesofítica propostos por Goswani *et al.* (1977), mas superiores aos valores propostos pela I.A.E.A. (1983 e 1988). O estudo da relação entre a absorção de radionuclídeos pelas espécies de plantas estudadas e as caraterísticas geoquímicas do solo indicou que existia uma forte correlação negativa entre a absorção de urânio e tório pelas plantas e o teor de argila, silte e matéria orgânica e o pH do solo, em contraste com o teor de areia grossa, que mostrou uma correlação positiva com a absorção de urânio e tório pelas plantas.

As respostas fisiológicas das plantas superiores ao ambiente têm sido objeto de um estudo aprofundado em todo o mundo, especialmente no que se refere às plantas-modelo e às plantas cultivadas. As tensões abióticas no ambiente estão ligadas a todos os processos de vida das plantas superiores e influenciam grandemente a produtividade das plantas (Gang *et al.*, 2007). A compreensão dos mecanismos através dos quais as plantas superiores percepcionam os estímulos ambientais e os transmitem à maquinaria celular para ativar respostas adaptativas é de importância vital para a biologia molecular moderna. No vasto domínio da biologia das plantas, o seu núcleo é o estudo das actividades vitais a nível molecular, cujas interações em várias biointerfaces solo-raiz a diferentes escalas são muito importantes para manter um estado estável entre as plantas e o ambiente em mudança, especialmente o ambiente adverso. Na prática, o ponto-chave para a agricultura é como regular a relação harmoniosa entre o solo e o ambiente e as culturas e tirar o melhor partido do potencial fisiológico das culturas (Gang *et al.*, 2007).

Na presente investigação, o polimorfismo no ADN genómico foi detectado por perfis RAPD através de reacções de PCR com primers aleatórios. Neste sentido, o desaparecimento óbvio de bandas normais e o aparecimento de novas bandas foram gerados a partir das plantas que absorveram elevadas concentrações de urânio e tório do solo de areia preta de Baltim em comparação com as plantas do solo de controlo. O estudo do padrão de bandas electroforéticas das proteínas indicou a alteração do SDS-PAGE das proteínas com o aumento do teor de radionuclídeos das plantas. As principais mudanças caraterísticas incluíram alterações na mobilidade relativa das bandas, nas intensidades das bandas, no desaparecimento de algumas bandas e no aparecimento de novas bandas, indicando que a expressão das proteínas é altamente modificada nas quatro espécies em estudo

As alterações no padrão de bandas proteicas no presente estudo podem ser devidas a dois tipos de mutação, ou seja, mutação genética, induzida pelos radionuclídeos absorvidos e detectada pelo perfil RAPD do ADN estudado na presente investigação e já mencionada anteriormente, e aberrações citológicas, que foram causadas pela radiação gama emitida pelos radionuclídeos do solo, conforme indicado por

o estudo de Soliman *et al.* (2011). Um padrão de bandas proteicas de um organismo representa uma impressão digital genética bioquímica desse organismo (Abdelsalam *et al.*, 1996). Cada banda de proteína representa os produtos finais de eventos de transcrição e tradução que ocorrem devido a genes estruturais activos. As alterações de aminoácidos numa proteína, devidas a eventos mutacionais, podem resultar em taxas de migração proteica alteradas quando as proteínas são comparadas em géis de poliacrilamida (Abdelsalam *et al.*, 1996). Assim, a alteração do padrão proteico está altamente correlacionada com as anomalias citológicas registadas causadas pelos radionuclídeos do solo e com os polimorfismos no ADN induzidos pelos radionuclídeos acumulados nas plantas, tal como refletido pelos perfis RAPD. O aumento da expressão de várias proteínas associadas à produção de energia e ao metabolismo sugere que é necessária uma maior energia para ativar os processos metabólicos, principalmente orientados para a desintoxicação, em organismos expostos a metais pesados (Luque-Garcia *et al.*, 2011). Os organismos cronicamente expostos a um nível moderado de um tóxico podem desenvolver uma aclimatação que confere uma maior resistência ao tóxico, envolvendo uma remodelação metabólica importante (Luque-Garcia *et al.*, 2011). Esta ativação de processos metabólicos associada a um nível moderado de um tóxico, como o urânio e o tório, foi observada no presente estudo a partir da produção estimulada de alguns compostos bioquímicos pelas espécies vegetais em estudo associada à absorção de urânio e tório.

Na presente investigação, o estudo das respostas bioquímicas das espécies vegetais testadas aos radionuclídeos absorvidos revelou que a absorção de urânio e tório nos tecidos vegetais provocou um aumento significativo dos hidratos de carbono totais, das gorduras brutas e dos valores nutritivos de todas as espécies estudadas. Também os compostos fenólicos, o teor total de clorofila e os carotenóides totais das 4 espécies estudadas foram positivamente correlacionados com o teor de urânio e tório das plantas. O teor de β-caroteno e licopeno foi positivamente influenciado pelo nível elevado de U e Th nos tecidos das plantas. É bem conhecido que a maioria das tensões ambientais provoca uma produção excessiva de espécies reactivas de oxigénio (ROS) (Jayaraj e Punja, 2008). O nível de estado estacionário dos intermediários ROS pode ser utilizado pelas plantas para monitorizar o seu nível intercelular de stress e para a sinalização celular. No entanto, este nível tem de ser mantido sob controlo rigoroso porque uma acumulação excessiva de intermediários reactivos de oxigénio pode resultar na morte celular, devido à peroxidação dos lípidos da membrana, à oxidação das proteínas, à inibição de enzimas e a danos no ADN e no ARN (Jayaraj e Punja, 2008).

Os compostos fenólicos podem reduzir a produção de espécies reactivas de oxigénio através da regulação negativa das enzimas relevantes e/ou podem interferir diretamente na formação de adutos de ADN (Ferguson, 2001). Considerou-se que vários compostos fenólicos actuam como antimutagénicos, modificando a replicação do ADN e/ou a reparação do ADN após danos no ADN provocados por mutagénicos (Ferguson, 2001). Os carotenóides são pigmentos relativamente fotoestáveis e antioxidantes produzidos por plantas, bactérias e cianobactérias que extinguem os radicais livres, protegendo assim as células e os tecidos dos danos oxidativos (Jayaraj e Punja, 2008). Os efeitos benéficos derivados dos compostos fitoquímicos das plantas foram atribuídos à sua atividade antioxidante (Balasundram *et al.*, 2006). Esta atividade antioxidante deve-se à sua capacidade de eliminar radicais livres, doar átomos de hidrogénio ou electrões, ou quelar catiões metálicos que podem resultar da absorção de tóxicos ambientais como elementos radioactivos (Anila e Vijayalakshmi, 2003). As plantas podem resistir a concentrações elevadas de radionuclídeos absorvidos e proteger-se contra a genotoxicidade induzida através da expressão de novas proteínas e do aumento da produção de alguns compostos fitoquímicos com atividade antioxidante e considerados protectores contra danos no ADN e mutações. Assim, as tensões oxidativas induzidas pela absorção de elementos radioactivos podem regular a síntese e a acumulação de constituintes bioquímicos nas plantas.

Em condições de estufa, foram determinados os teores de urânio e tório em diferentes órgãos das plantas de duas espécies vegetais (*E. sativa* e *L. esculentum*) para estudar o efeito da aplicação de fertilizantes orgânicos e químicos na absorção de radionuclídeos e para avaliar a resposta do crescimento das plantas aos radionuclídeos absorvidos pelas plantas. Os resultados revelaram que o urânio e o tório foram acumulados em concentrações elevadas nas raízes das duas espécies, enquanto os teores mais baixos dos dois elementos foram encontrados nas folhas e nos frutos. A aplicação de adubos orgânicos e químicos (NPK) no solo de areia preta onde as duas plantas estudadas foram cultivadas causou uma diminuição do teor de urânio nas raízes de *E. sativa* e nas raízes e caules de *L. esculentum* em comparação com o solo não fertilizado. As alterações do solo levam a mudanças nas propriedades físico-químicas do solo, como o pH, a matéria orgânica, etc., que alteram a solubilidade dos metais e, por conseguinte, a sua disponibilidade para as plantas (Singh e Agrawal, 2010). A aplicação de fertilizantes também foi experimentada como uma técnica para reduzir a disponibilidade de metais pesados para as plantas (Singh *et al.*, 2010).

Como indicado a partir da medição de diferentes atributos de crescimento, RGR, LAI e SLA das duas plantas cultivadas em estudo são geralmente aumentados com a diminuição da concentração de urânio e tório nos tecidos das plantas associada à aplicação de fertilizantes orgânicos e químicos no solo de areia preta. A biomassa total diminuiu com o aumento do teor de urânio nos caules e nas raízes ou, por outras palavras, a biomassa total aumentou, em geral, com a aplicação de fertilizantes. O estudo dos atributos reprodutivos em relação aos teores de urânio e tório nas plantas afectadas pela aplicação de fertilizantes revelou que o número de frutos, o número de sementes e o peso seco das sementes aumentaram significativamente com a fertilização do solo, o que provocou uma diminuição dos teores de urânio e tório nas plantas. O aumento dos órgãos reprodutivos pela aplicação de fertilizantes no solo de areia preta pode ser explicado pelo aumento da alocação de matéria seca para o sistema de brotos nas plantas fertilizadas, o que, por sua vez, afeta a proporção de matéria seca alocada para os componentes reprodutivos e a formação de mais flores, frutos e sementes.

Conclusões

A absorção de radionuclídeos pelas plantas hortícolas e frutícolas pode ser minimizada através da realização de alguma variabilidade nas caraterísticas geoquímicas do solo, especialmente no teor de argila, silte e matéria orgânica, que pode afetar a disponibilidade de radionuclídeos no solo para as plantas. Os resultados mostraram uma correlação entre o teor de radionuclídeos e o nível de danos no ADN induzidos por radionuclídeos nos tecidos das espécies estudadas. O elevado teor de radionuclídeos nas porções comestíveis das espécies vegetais em estudo provocou alterações no SDS-PAGE das proteínas. Estes resultados revelaram que o polimorfismo do ADN detectado através da análise RAPD e da análise proteómica pode ser utilizado como ferramenta de investigação para a toxicologia ambiental e como um ensaio de biomarcador útil que pode ser utilizado como sistema de alerta precoce. O aumento e a supressão dos conteúdos fitoquímicos das espécies vegetais em estudo podem ser considerados como um mecanismo de defesa antioxidante das células, de modo a controlar o estado redox da célula que contém um elevado teor de radionuclídeos. A fertilização orgânica e química aumentou o crescimento das plantas e a produção de biomassa, enquanto, inversamente, a transferência de urânio do solo para a planta diminuiu. Pode concluir-se que a aplicação de fertilizantes pode representar um método prático *in situ* para reduzir os riscos de exposição do biota à contaminação por radionuclídeos e pode ser considerada em estratégias de fitoestabilização para solos ricos em urânio e áreas contaminadas com urânio.

O conhecimento das relações solo-planta em locais contaminados é uma questão importante porque a utilização de solos poluídos para a agricultura está a aumentar e o consumo de plantas cultivadas nesses solos pode ter um efeito prejudicial para os seres humanos. O estudo de espécies vegetais cultivadas em areia preta de Baltim revelou a absorção de concentrações consideráveis de urânio e tório nas porções comestíveis das espécies estudadas. Os radionuclídeos absorvidos têm respostas negativas no crescimento das plantas e causaram mutagénese e genotoxicidade nas espécies em estudo. No entanto, as plantas podem resistir a essa elevada concentração de radionuclídeos absorvidos e proteger-se contra a genotoxicidade induzida através da adaptação de algumas funções celulares e de vias específicas de proteínas/enzimas indicadas pela expressão de novas proteínas e pelo aumento da produção de alguns compostos fitoquímicos com atividade antioxidante e considerados protectores contra danos no ADN e mutações. É essencial individualizar uma técnica de remediação simples e económica que permita a redução da assimilação de metais de solos contaminados por plantas comestíveis. A adição de aditivos, tais como fertilizantes orgânicos e químicos, pode ser demonstrada para atingir este objetivo. Os resultados deste estudo recomendam a possível utilização de terras costeiras de areia preta na agricultura para a produção de alimentos vegetais comestíveis. As potenciais culturas vegetais devem ser testadas e selecionadas com base na sua adaptação bioquímica e genecológica e nos seus mecanismos de defesa para controlar a absorção e a acumulação de radionuclídeos excessivos nas partes comestíveis. O estudo sublinha a profunda necessidade de mais investigações sobre a ecotoxicidade de outros radionuclídeos e de testar várias técnicas agrícolas que possam regular a absorção de elementos radioactivos pelas plantas de solos contaminados.

Referências

Abdelsalam, A.Z.E.; Hassan, H.Z. e Soliman, Kh.A. (1996). A mutagenicidade de dois pesticidas sistémicos aromáticos utilizando três sistemas biológicos. Egyption Journal of Genetic and Cytology, **23**: 185-195.

Anila, L. e Vijayalakshmi, N.R. (2003). Ação antioxidante dos flavonóides de *Mangifera indica* e *Emblica officinalis* em ratos hipercolesterolémicos. Food Chemistry, **83**: 569-574.

Balasundram, N.; Sundram, K. e Samman, S. (2006). Compostos fenólicos em plantas e subprodutos agro-industriais: Antioxidant activity, occurrence, and potential uses. Food Chemistry, **99:** 191-203.

Bari, A.; Khan, A.J.; Semkow, T.M.; Syed, U.-F.; Roselan, A.; Haines, D.K.; Roth, G.; West, L. e Arndt, M. (2011). Rastreio rápido da radioatividade em alimentos para resposta a emergências. Applied Radiation and Isotopes, **69:** 834-843.

Chen, S.B.; Zhu, Y.G e Hu, Q.H. (2005). Transferência do solo para a planta de ^{238}U, ^{226}Ra e ^{232}Th num solo afetado por minas de urânio do sudeste da China. Journal of Environmental Radioactivity, **82**: 223-236.

El-Gamal, A.; Rashad, M.; Ghatass, Z. (2010). Respostas radiológicas de diferentes tipos de sedimentos costeiros do Mediterrâneo egípcio . Radiation Physics and Chemistry, **79**: 831-838.

Ferguson, L. R. (2001). Role of plant polyphenols in genomic stability (Papel dos polifenóis das plantas na estabilidade genómica). Mutation Research, **475**: 89-111.

Gang, W.; Zhen-Kuan, W.; Yong-Xiang, W.; Li-Ye, C. e Hong-Bo, S. (2007). As respostas mútuas das plantas superiores ao ambiente: Aspectos fisiológicos e microbiológicos. Colloid Surface. B, **59**: 113119.

Goswani, S.C.; Gulati, K.L. e Nagpaul, K.K. (1977). Estimation of uranium content in plants and soil by nuclear etch Technique. plant and soil, **48**(3): 709.

Hegazy, A.K. e Emam, M.H. (2011). Acumulação e transferência de radionuclídeos do solo para a planta nos habitats de areia preta costeira do delta do Nilo. Revista Internacional de Fitorremediação, **13**: 140-155.

Agência Internacional da Energia Atómica, I.A.E.A (1983). Measurement of radionuclide in food and environment (Medição de radionuclídeos nos alimentos e no ambiente). Série de relatórios técnicos, Viena, **295**: 5-27.

Agência Internacional da Energia Atómica, I.A.E.A (1988). Principles for the exemption of radiation sources and practices from radiological control. Report Safety Series, **89**: 56-68.

Jabbar, A.; Tufail, M.; Arshed, W.; Bhattia, A.S.; Ahmad, S.S.; Akhter, P. e Dilband, M. (2010). Transferência de radioatividade do solo para a vegetação em Rechna Doab, Paquistão. Isótopos em estudos ambientais e de saúde, **46**(4): 495-505.

Jayaraj, J. e Punj, Z. K. (2008). As plantas transgénicas de cenoura que acumulam cetocarotenóides apresentam tolerância aos raios UV e ao stress oxidativo. Plant Physiology and Biochemistry, **46**: 875-883.

Jhaa, S.K.; Gothankara, S.; Iongwaib, P.S.; Kharbulib, B.; Warc, S.A. e Puranik, V.D. (2012). Intake of ^{238}U and ^{232}Th through the consumption of foodstuffs by tribal populations practicing slash and burn agriculture in an extremely high rainfall area. Journal of Environmental Radioactivity, **103**: 1-6.

Luque-Garcia, J.L.; Cabezas-Sanchez, P. e Camara, C. (2011). Proteómica como uma ferramenta para examinar a toxicidade dos metais pesados. Tendências em Química Analítica, **30**(5)**:** 703-716.

Singh, R.P. e Agrawal, M. (2010). Efeito de diferentes aplicações de lamas de depuração no crescimento e rendimento da cultura de campo *Vigna radiata* L.: absorção de metais pela planta. Engenharia Ecológica, **36**: 969-972.

Singh, A.; Agrawala, M. e Marshal, F.M. (2010). O papel dos fertilizantes orgânicos vs. inorgânicos na redução da fitodisponibilidade de metais pesados numa área irrigada por águas residuais. Engenharia Ecológica, **36:** 1733-1740.

Soliman, M.S.A.; Hegazy, A.K.; Goda, S.K.; Emam, M.H. e Al-Atar, A.A. (2011). Citotoxicidade e efeitos mutagénicos dos radionuclídeos do solo em algumas espécies de plantas da areia preta. Jornal de Ecologia Mediterrânica, **11**: 520.

MIX
Papier aus verantwortungsvollen Quellen
Paper from responsible sources
FSC® C105338

Printed by Books on Demand GmbH, Norderstedt / Germany